马云思维

阿里二十年狂飙突进的三大思维

叶光森◎编著 陈 润◎主编

团结出版社

图书在版编目（CIP）数据

马云思维 / 叶光森编著 . -- 北京 : 团结出版社 ,2019.8
ISBN 978-7-5126-7319-9

Ⅰ.①马… Ⅱ.①叶… Ⅲ.①马云—思维方法—通俗
读物 Ⅳ.① B80-49

中国版本图书馆 CIP 数据核字（2019）第 191762 号

马云思维

叶光森 编著

出　　　版：团结出版社
　　　　　　（北京市东城区东皇城根南街84号　邮编：100006）
责任编辑：郑 纪
电　　话：（010）65228880
发　　行：（010）51393396
网　　址：http://www.tjpress.com
E – mail：65244790@163.com
经　　销：全国新华书店
印　　刷：三河市华东印刷有限公司

开　　本：145×210　1/32
印　　张：7
字　　数：150千字
版　　次：2020年1月第1版
印　　次：2020年3月第2次印刷

书　　号：978-7-5126-7319-9
定　　价：49.00元

为中国标杆企业立传

古希腊哲学家柏拉图提出过人生三问："我是谁？我从哪里来？我要到哪里去？"

"现代管理学之父"彼得·德鲁克有企业三问：我们企业是个什么企业？我们企业将是个什么企业？我们企业应该是个什么企业？

当今世界正处在百年未有之大变局之中，企业家面临空前机遇，也面临新的挑战：企业转型升级、品牌价值重塑、精神文化复兴。成功的企业家不仅要满足客户、成就员工、回报股东，更应该实现自我，以管理智慧、商业思想、人生哲学塑造人格品牌和企业文化，形成超越行业、引领未来的时代影响力。

"立德、立功、立言"，这是儒家追求，也是人生大道。在过去 8 年间，我所创办的润商文化秉承"以史明道，以道润商"的使命，汇聚一大批专家学者、财经作家、媒体精英，专注于企业定制出版和传播，为中国标杆企业立传。我们为招商局金融、华润、戴尔中国、用友、卓尔等数十家著名企业提供知识服务，策划出版过美的、碧桂园、小米、奇虎 360 等企业史类具有影响力的作品，将部分优秀作品版权输出到海外，而且出版了近百部研究顶级企业家智慧和企业发展模式的财经图书，堪称最了解中国本土企业管理水平和商业模式的知识服务机构之一。在我看来，人类总是在不断重复相同的错误，企业发展史亦是不断犯错的过程，而真正能够超越历史的企业才称得上"以史为鉴"。

正是出于对中国商业文明的专业研究精神和时代使命感、责任感，当我提出策划出版"中国著名企业家传记"丛书的倡议之后，得到了团结出版社的大力支持。2019年初，我们启动"中国著名企业家传记"丛书的学术研究和出版工程，聚集业内知名财经作家组建研究团队，花费大半年时间进行专题研究和创作，作品陆续出版问世。为了高标准、高品质打造精品工程，我们首批仅选取李嘉诚、任正非、马云、雷军、董明珠、彭蕾等著名企业家作为样本，特别是董明珠和彭蕾两位女性企业家，让我们真切感知到这句话："商业因女性而美好。"

一直以来，我们致力于实现文化工作者的梦想——为有思想的企业提升价值，为有价值的企业传播思想。作为中国商业观察者、记录者、传播者，我们将聚焦于更多中国标杆企业、行业龙头企业、区域领导品牌、高成长型创新公司等有价值的企业，将"中国著名企业家传记"丛书不断完善。为企业家立言，为企业立命，为中国商业立标杆，重塑企业品牌价值，推动中国商业进步。

通过"中国著名企业家传记"丛书的调查研究和出版工程，我们意在为更多中国企业汲取前行的智慧和力量，为读者在喧嚣浮华的时代打开一扇希望之窗：

在这个美好时代，每个人都可以通过奋斗和努力，成为想成为的那个自己。

"中国著名企业家传记"丛书主编

2019年9月1日

序言

马云的脑洞为什么那么大

　　论口才，如果金句频出的马云自居第二，估计没有哪个中国企业家敢自称第一。一流的口才的背后是一流的思维，白手起家的马云是"思考致富"的典范，正如电影《教父》所说："花半秒钟就看透事物本质的人，和花一辈子都看不清事物本质的人，注定是截然不同的命运。" 马云也曾表示："每个人的事情做得好与坏，关键在于你看问题的深度、广度、角度。"

那么，为什么马云的脑洞那么大？秘密就藏在流传千年的太极图里。

马云曾自述道："我们有几千年的文化，很多香港的年轻人觉得大陆土了点，不管多土，过去30年，这样的成长全世界都佩服。这个成长绝不是光靠学几个知识，她有强大的文化背景。我以前也看不起这些东西，什么儒家、道家、佛家，到了一定年龄以后发现咱们家祖宗还真牛逼。知识是容易学习的，但是智慧是通过苦难得出来的，所以我们有好东西。"

"从道家里面我学到了阴阳、虚实，这在企业运营过程中是极其关键的。企业运营到一定程度，读书读到一定程度，学的都是哲学。""愈学习太极之后愈发现，其实我做企业无论是企业内部管理，跟员工的管理，跟客户，跟竞争对手的关系几乎完全按照太极的宗旨。"

宋代哲学家朱熹认为，太极乃天地万事万物之理的总和，而在具体的事物中也有太极之理，"人人有一太极，物物有一太极"。因此，马云从太极图中演化出经营管理之道是顺理成章的事。

马云不仅自己运用太极，也明确要求阿里巴巴的高管要用太极图、阴阳鱼的方式来思考经营管理问题。他还进一步认为中国企业都该学会太极："中国企业都有一个从少林小子到太极宗师的过程。少林小子都会打几下，太极宗师有章有法，有阴有阳，中国企业要从第一天就有练太极的想法才行。"

马云的助理陈伟表示："马总有一个愿望，希望有朝一日大家这样评价他：马总是一位太极大师，他也曾创办过企业，比如阿里巴巴，比如淘宝网……从某种意义上说阿里集团就是太极哲学思想在网络时代'野蛮生长'的副产品。"

太极图人人都看过，但绝大部分人不知道怎么运用这张中国史上最强的思考图。太极图融合了儒释道三家的思维。马云说："我与日本、美国、俄罗斯这些企业家交流以后，（认识到）一个企业要真正起来，必须基于本国强大的文化，你才能不断地成长。""其实，我在刚开始做企业的时候，也跟很多人一样，一会儿学美国、一会儿学日本、一会儿学韩国，我现在觉得这些国家的企业有自己强大的宗教和文化为基础，中国企业如果没有自己的根基是走不出来的。所以这些年来，我对儒释道极其感兴趣。""我对道家、儒家、佛家都感兴趣，唯一太极是综合道家、儒家、佛家，道家是领导力，儒家是管理水平，佛家是管理人心，太极结合三层，大家练了之后其乐无穷。"

本书通过分析马云在个人成长与企业经营管理中如何运用太极图解决问题，通俗化地展示太极图中的三种非常有用的思维模式：道家的阴阳思维、儒家的中庸思维与佛家的太极思维（无尽缘起）。"三思"而行，必有收获！

目录

马云思维
阿里二十年
狂飙突进的三大思维

一、道家阴阳思维：出奇制胜

万事万物都是阴阳一体的，正如硬币必然有正反两面，男女、左右、长短、美丑、好坏、善恶、虚实、有无等等都是成对出现的，"塞翁失马焉知非福"就是典型案例。阴阳鱼是马云一流口才背后的思维方式。事物都是互补对生、两面一体的，但人们总是片面思考，当别人都看到事情的阳面的时候，马云会指出这件事的阴面；当大家都看到事情的阴面的时候，马云偏要强调事情的阳面。因此马云的观点常能让人耳目一新。他很好地示范了"要想知道，打个颠倒"。

马云的经营风格如同他的说话之道，也不走寻常路，经常"以奇用兵"，出奇制胜。

二、儒家中庸思维: 平衡决策

马云当老师时每次讲课都会出一个命题, 让同学们选正方或反方的观点, 剩下"无理"的那一方观点由他一个人坚持着, 与所有同学展开辩论。尽管学生中也有口才不错的, 但马云总是获胜方, 因为阴阳思维总能让他发掘出事物反面的真理。

既然一件事从正面看有道理, 从反面看也有道理, 该怎么做出管理决策呢? 老话说"以正治国", "正"就是"中正"、"中庸", 所谓中庸之道就是阴阳之间的那条曲线，就是兼顾正反两方的合理之处，找到平衡点，《论语》最能体现这个思维特色。

马云认为："中国文化中最好的就是中庸之道，有人以为中庸就是一张纸中间撕破一半，如果这么简单的话就不是道了。何为中庸，这个'中'我理解是一个动词，是中，打中的中。庸，查《康熙字典》是最恰当的时刻和位置，黑白交集之点。""企业运营到一定程度上,读书读到一定程度上,学的都是哲学,怀疑、不怀疑,用、不用,这个度的把握。高手和低手之间的区别就在于度的把握。"分寸、尺度的恰当把握，就是中庸。

三、佛家太极思维：提升格局

马云说："我从道家悟出了领导力，从儒家明白了什么叫管理，从佛家学到了人怎么回到平凡。这些思想融会贯通，刚柔相济，就是太极。"2011年，马云与李连杰联合创立了"太极禅"。为太极图定形的理学创始人周敦颐精通佛教思想，太极之中有禅意（佛法）。马云的人生观、事业观深受太极思维的影响。

没有云就没有雨，没有雨树木就无法生长，没有树就没有木浆，也就没有纸张，因此禅师能在一张A4纸上看到一朵云，看到万事万物。每个事物都被无穷无尽的因素所影响（佛法称为"无尽缘起"），如同一滴海水的命运被辽阔的大海所造就。

太极图中包围阴阳鱼的那个圆就是太极，太极就是命运之海（朱熹："合而言之，万物统体一太极也。"），个人和组织再了不起，也只是其中的一颗水滴。彻底认识到自身的渺小，才真正具有格局的宏大。一个人如果希望将来成就一番事业，太极思维将提供巨大助力；一个人如果事业有成，想避免突如其来的大败局，或是想更上一层楼，太极思维必不可少，如马云所说，"做生意到一定程度，多看看佛家书对你是有帮助的"。

四、人人都能运用太极图

心学大师王阳明强调知行合一，我们说一个人知道孝悌，是因为他已经做到了孝悌，而不是他会说些孝悌之类的话——做到才是知道。马云有类似的观点："学和习是两回事，我们过度关注学，没有习。"

我们学了马云的三大思维，就要在生活和工作中随时随地运用、体悟，因为太极无处不在。本篇将提供几个学以致用的例子，供大家参考。

一、道家阴阳思维：出奇制胜

万事万物都是阴阳一体的，正如硬币必然有正反两面，男女、左右、长短、美丑、好坏、善恶、虚实、有无等等都是成对出现的，"塞翁失马焉知非福"就是典型案例。阴阳鱼是马云一流口才背后的思维方式。事物都是互补对生、两面一体的，但人们总是片面思考，当别人都看到事情的阳面的时候，马云会指出这件事的阴面；当大家都看到事情的阴面的时候，马云偏要强调事情的阳面。因此马云的观点常能让人耳目一新。他很好地示范了"要想知道，打个颠倒"。

马云的经营风格如同他的说话之道，也不走寻常路，经常"以奇用兵"，出奇制胜。

-1-
总结让失败变为成本

马云："我在30岁之前，几乎经历的全是失败，我去应聘过近30份工作，全被拒绝掉。我们一起到警察学校报名的5个人，4个同学被录取，我没录取；跟表弟到望湖宾馆应聘，结果他被录取，我没录取。肯德基我也去报过名，24个同学去，23个被录取，就我一个被拒。做海博翻译社，搞中国黄页，一路走过来麻烦事太多了。人家觉得阿里巴巴11年、12年发展到今天这样的规模很顺利，但是我想告诉大家，我从1992年开始自己做海博翻译社、中国黄页，前面七八年所有的失败，财务上面叫'成本'，我们早就花过了。"

发明电灯泡的爱迪生也有类似的理念："我并没有失败过一万次，只是成功地发现了一万种行不通的方法。"

毛泽东曾说过："我是靠总结经验吃饭的。"哪怕是失败的经验，也是成功路上的宝贵财富，千万不能浪费，更不能灰心。阴阳思维有助于我们建立正确的成败观。

-2-
不教成功教失败

马云在他创办的湖畔大学，对学员们说："我们这个学校跟MBA有一些具体的差异，我们不是教大家怎么成功，我们是告诉大家别人是怎么失败的，所有的案例，都是以失败为主，但不都是失败，这个训练的角度是不一样的。我们希望大家多学一点别人怎么失败，别人是怎么犯错误，别人在这个错误里面是怎么过的。碰上灾难的时候，每个人的处理手法不一样的，我们要有想象力，要有独立的想法。"

马云认为成功的原因有很多，天时地利等很多因素难以固定化去学习，但失败的原因都差不多。因此他在阿里巴巴成立的前三年到五年内，每发现一个公司怎么失败的，就会把这个公司失败的案例发给所有同事，让大家知道这些事情要记住，别人犯这样的错误我们也会犯，不要以为自己有多聪明，人都是差不多，只有避开那些经常犯的错误，才有可能成功。

"很多书讲马云怎么成功、怎么能干、阿里巴巴怎么能干，其实我们这些人都不怎么能干。说心里话，我是肯定不能干。我们18个人也不那么能干，如果能干，他们早去其他世界500强，找不到工作才到这里，这是现实。但是我们不断坚持、思考，学习别人失败的经验。"

不是所有的坑都要自己踩，从他人的失败经历中学习成长，避免走很多弯路、少交许多学费，显然有助于个人与企业加速发展。因此马云不仅自己喜欢研究别人是怎么失败的，还专门成立了湖畔大学教创业者们研究失败，活得更久。

-3-
打过败仗的人更要重用

马云："我喜欢用那些打过败仗的人，最好败仗和胜仗的比率是三七开，这样这些人打仗的时候呢，就会想着失败。他心里有怕，一怕，就会想得更仔细一些。而常胜将军，太自信了，只管往前冲，常常就会出问题。"

阴阳思维意味着没有绝对的坏事，"吃一堑，长一智"。所以很多的挫败，意味着很大的长进，关键就在于不断"复盘"（总结），如马云所说，"让这些错误最终变成成长的营养和肥料"。

创业者最重要的就是反思自己的问题，马云在阿里巴巴的办公室叫"思过崖"，不断地要想问题出在哪儿，应该怎么解决。

马云指出，碰上所有曾经失败过、犯过错的人，就要问他一个问题，问题出在哪儿？如果他总是找借口，怪别人，那这种人永远不要合作，他还会再犯错的，因为他没去检查自己的问题。其实，所有的问题都是自己造成的。

孔子最喜欢的学生是颜回，颜回并不是聪慧到不犯错，他的优点是"不贰过"——不犯同样的错误，这样的人就有望成为圣贤了。

-4-

宽容失败，放松才有创新

犯错是个严重问题

允许犯错才可能创新

马云："没有一个人不会犯错误，没有一个人从战场上回来没有伤疤，没有一个人经商一帆风顺，只是看你恢复得多快、反思得多快。"

"李彦宏讲他的目的是不犯错误，等待对手犯错误。我的观点刚好相反，第一我允许自己犯错误，第二我允许团队犯更多错误，超过我……由于允许自己可以犯错误，做事情就会轻松起来。什么叫创新，就是认真地玩。很认真地玩的时候，就在创新，创新必须是放松的。很紧张的压力，怎么可能创新。你不允许团队犯错误，我可以告诉你，你就不可能成长。"

华为创始人任正非有同样的创新观："华为产品研究成功率不到50%，要学会宽容失败。""企业要宽容失败，才会有真正的创新。"

不急功近利，反而更能得到大的利益，这是创新领域的阴阳辩证法。

-5-

为什么男人的长相和智慧往往成反比

马云："绝大部分情况下，一个男人的长相和智慧是成反比的，因为你长得丑，没有本钱，只能不断去努力，而且往往努力的人都有点古怪，你要么很瘦，要么很胖。"

人类有着和其他生物一样的本能：繁衍后代。一个男人长得高大英俊，必然广受女性欢迎，因为他显然能给后代遗传优良基因。既然能够轻松求偶繁衍基因，那么奋斗的动力就丧失了大半，他们事业成功的概率也就下降了。

如果男人长相不佳，也有一条出路：通过努力学习和奋斗，实现富足多金或者位高权重，那就有足够的资源养育后代，从而保证自己的基因得到延续，这样的男性也会受到女性欢迎。

帅哥有"优生"的先天优势，丑男可以努力打造"优育"的后天优势——"智慧，是最新的性感"。这让我们回想起一些格言"上帝给你关上一扇门，就会为你打开一扇窗""塞翁失马，焉知非福"讲的都是阴阳之理。

-6-
首先投资自己的思维和眼光

投资看得见的资产

投资自己的眼光

马云："作为一个领导，眼光、胸怀的锻炼十分重要，要多跑多看，读万卷书不如行万里路，你没有走出县城，就不知道纽约有多大，我去了之后回来觉得自己太渺小了，飞那么长时间还没飞到尽头。我经常跟我的同事说，人要学会投资在自己的脑袋和眼光上面，你每天去的地方都是萧山、余杭，你怎么跟那些大客户讲？你投资点钱到日本东京去看看，到纽约去看看，到全世界看看，回来之后你的眼光就不一样。人要舍得在自己身上投资，这样才能把机会和财富带给客户。"

马云之所以90年代中期就致力于互联网创业，是因为他去美国出差，早早就看到了互联网的神奇之处。邓小平之所以能够下定决心改革开放，跟他年轻时在西方留学的经历，以及70年代末多次出国考察是分不开的。

人跟人的不同，本质上是知识（眼光）和思维的不同，掌握别人不知道的知识，训练与众不同的思维，这是竞争的关键。因此马云强调，首先要投资于自己的脑袋（思维）和眼光，"在整个社会的浮躁中，我希望人能够静下来，慢下来，在慢中体会快的道理"。

-7-

平台虽小，大有作为

大平台才有高起点

小平台有大机会

上了大学后，由于英语基础好，马云学起来很轻松，为了打发空闲的时光，他进了校学生会，凭着满腔热情和从小就有的一身侠气，马云当选为杭州师范学院的学生会主席，后来又成为杭州市学联主席。这段经历对马云锻炼领导力起到了良好作用，为他以后领导阿里巴巴集团积累了宝贵经验。

在杭州师范大学2011届开学典礼上，马云说道："我深信不疑地相信杭师大是全世界最好的学校。我去过很多大学，哈佛也好，MIT（麻省理工）也好，北大、清华。我都以杭师大为骄傲。我一直说这是最好的学校。因为，好与不好很多时候不是别人怎么看，是你自己怎么信的。如果你觉得自己不好，你就没有好的机会。在世俗眼光里，我们杭师大确实跟北大清华有距离，但正因为有距离才给了我们机会。假如我当年考进了北大，就不是我马云了。因为杭师大才给了我这样的机会。因为你信，你才有机会；如果你不信，你一点机会都没有。"

大部分人所处的平台是一般的，很多人为此抱怨过，但如果我们具备马云的阴阳思维，就会发现，在顶级平台上，同事或同学之中高手如云，这很容易让人丧失自信；正因为平台一般，我们才有更多的获取资源、脱颖而出的机会。

-8-

有实力自然有人脉，求人不如求己

积极寻求合作

先把自己做好

曾有人提问："马先生，您开始在创业的时候，有很多人不相信您，现在您成功了，我们想在创业的时候给您反映一些问题，希望跟您合作，您现在是什么态度呢？"

马云的回答很实在："我没有听清楚这个问题的意思，我刚开始创业没有人跟我合作，没有人相信我，现在你想跟我合作，我比较难合作，是不是这个意思？没有人跟你合作，没有人相信你，这不是坏事情，别人不跟你合作很正常，别人跟你合作才不正常，别人凭什么要跟你合作？其实我们在公司里也一样，你要想说话，把自己的活先干好。"

"所以你今天要跟阿里巴巴集团合作，有很多渠道，上网开店。你要直接找我合作，确实有点难，因为我每天只有24小时，我见的人很多很多，我认为有我很重要的事情。只要你做到足够大，坐到前面一排的时候可以跟我合作，我也是实事求是讲。"

实力弱小时上赶着求人合作确实很难，等自己做好了，再寻找合作方就容易得多，所以外求不行的时候，就内求吧，求自己把事情做好。做得足够好的人，想找首富合作，双方也会一拍即合。

-9-

看似百病丛生，实则生机勃勃

　　马云："这是一个纠结的时代，在座所有的人今天毕业于纠结的时代，这个时代看起来充满着怀疑，充满着各种的不信任。学校的老师对学生是不信任的，学生对老师不信任，媒体对大众不信任，大众对媒体不信任，甚至有各种的担忧，老百姓对政府也有各种的不信任。这世界看起来缺乏各种各样的机会，但这世界看起来又有各种各样的机会，这世界看起来年轻人似乎是可以无所不能，什么事情都可以做，但看起来年轻人什么事情又都做不了。"

　　"所以我觉得这是一个纠结的时代，很恭喜大家来到了一个很了不起的纠结时代，因为纠结是一种变革，因为我们正在进入一个变革非常快速的时代。如果没有变革就不会有阿里巴巴的今天，我有今天就是因为前30年中国的变革。但是我想跟大家讲我心里的感受，未来30年中国的变革会更大，机会更大。"

　　"我想跟大家讲，所有的变革都是年轻人的时代。未来30年我想跟随大家，是你们会改变这个世界，是你们会把握这个机会。纠结、变革都是年轻人的机遇，也是这个时代的机遇。"

　　在这样的时代，马云希望年轻人能够坚持正能量，乐观地看待问题，哪怕今天你最差，社会给了你很多的机会，只要你把握，只要努力总会有机会。

　　马云强调："你的对手可能在以色列，可能在你不知道的什么地方，他比你更用功，你今天获得了清华的毕业证书，不学习了，不读书了，因为你觉得我毕业于清华，而那个人毕业于杭师大。但他不断在努力，不断在进取。所以这一点是我希望给大家讲的，战胜你自己，这是真正的英雄。"

-10-

困难越大，机会越大

环境恶劣心灰意冷

再恶劣的环境都有机会

马云："再恶劣的环境都是有机会的，困难越大，机会越大。企业家要在困难的环境中学会生存，寻找机遇。"

马云强调，"'一带一路'将带来巨大的机遇。加入WTO的时候，中国可以说是被全球化，我们所有的企业都受益于这个阶段发展了起来。接下来'一带一路'是我们主动的全球化，是中国启动的新一轮全球化。它的使命是让世界更具活力，更具创新，更具平等，更具普惠。'一带一路'对中国的影响，绝不亚于中国加入WTO那个时候的影响。所以不要把'一带一路'当作北京的会议，建议每个人都去思考，每个人都去走。过去的3年，我几乎跑遍了东南亚的所有国家。我每年至少去四个非洲国家，去探索去思考。我们所有的人必须为未来做准备。从未来思考明天、思考今天，你就会不一样"。

马云还强调数字经济的巨大前景。"未来，计算的能力和数据，就像今天的石油和电一样。我希望所有的企业，一定要上云，一定要用好整个计算。"

信息化迈向高级阶段、新一轮全球化由中国推动，抓住这两个大机遇，无数中国人和中国企业将改变命运。

-11-
依赖资源会消磨创业精神

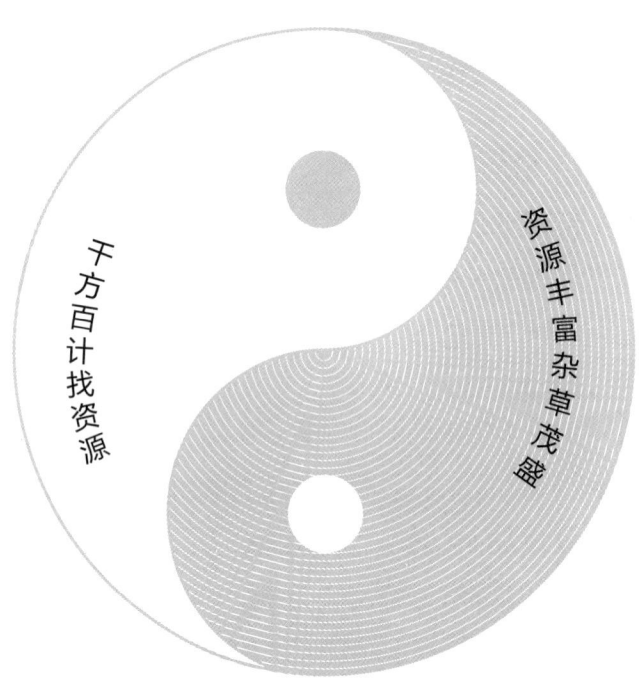

千方百计找资源

资源丰富杂草茂盛

马云："在阿里不提资源，最好少提'资源'二字，我觉得集团给你的信任就是最大的资源。王坚讲过：什么东西前面加个'要是有×××那样的话就好了'，这句加上以后，基本上这个事情就做不成了。我们国企里面听得最多的就是'假如我有资源的话'，大家都讲资源，这是做不好事的。"

"你去看黄山的迎客松，环境不见得很好，但具有强劲生长的力量。创业者是一种精神，永远打不垮的。假如说能够靠资源和环境保障你生长，那就不存在野蛮（生长）一说了；如果我配置资源让你野蛮生长，那种出来的可能都是杂草。"

香港著名企业家施永青有类似的观点，不能给年轻人太优越的环境："很多时下年轻人都有被宠坏之嫌；我真担心，一旦环境出现异变，他们是否还有求生的能力？我眼中的世界，就从未有过永恒安逸的保证。"

"上天给所有生物赋予了宝贵的求生意志，父母给太多的钱只会腐蚀子女的求生意志。""我很早就告诉子女，不会把财产留给他们，就是不想他们误会，父母早已为他们准备了一个安乐窝；他们得凭自己的知识与技能，去过好自己的生活。这样，他们自当会努力学习。"通过刻意创造贫瘠环境，他的子女在环境动荡时有了求生能力。

-12-

坏时代逼出好企业

马云："好企业都是诞生在坏时代。我想讲一个例子，英国和美国在两百年以前竞争航运是很典型的。英国的船那时候垄断了整个海运，美国人来了，和英国竞争，没多少年，美国就把英国打败掉了。你知道为什么打败，原因很简单，欧洲人、英国人不敢冒险，而美国人敢冒险，欧洲人一看风不对，今天就不出去了，但美国人照样出去。美国人22个月船行到广州贩卖茶叶，路上几乎是各种风浪。所以他们吃的都是雨水加咸鱼，省下来的那点钱让每一公斤茶叶少了5分钱。正因为少了那5分钱，才完全抢下了这个市场，然后英国人说，我们的船比美国人好。美国人说现在航船技术变化那么快，坏了再换个新船，然后零部件坏了继续上，美国链条中的零部件也起来了，一个行业就诞生起来了。敢不敢冒风险，敢不敢迎接挑战，敢不敢改掉昨天自己觉得很熟悉的东西，这是我们今天要去思考的。"

坏时代创业的好处是，外部条件差，人们就会拼命发挥主观能动性，企业家精神极强，创新层出不穷，这是企业发展最宝贵的精神财富。中日韩都是人均资源不多，靠人民的勤劳、勇敢和智慧发展出一大批一流企业。

-13-

不承诺升官发财，只承诺倒霉冤枉

老板承诺升官发财

马云只承诺你很倒霉很冤枉

　　马云："我不承诺你发财，不承诺你升官，你在这个公司里面有很多的磨难、委屈、不爽、呻吟……但我承诺，经历过这一切以后你才会真正知道怎样才能打造伟大、坚强、勇敢的公司。"

　　"阿里巴巴公司不承诺任何人加入阿里巴巴会升官发财，因为升官发财、股票这些东西都是你自己努力的结果。但是我会承诺你在我们公司一定会很倒霉，很冤枉，干得很好领导还是不喜欢你，这些东西我都能承诺。但是你经历这些后出去一定满怀信心，可以自己创业，可以在任何一家公司做好，你会想：'因为我连阿里巴巴都待过，还怕你这样的公司？'"

　　这番话让人想起孙中山为黄埔军校写的对联："升官发财请往他处，贪生畏死勿入斯门"。

　　大部分老板以升官发财吸引人加入，这个思路没啥毛病。但马云总是"语不惊人死不休"，他承诺的是你会有很多的磨难、委屈、不爽、倒霉，但是你也会因此而极大提升抗压能力，并学到组织管理的精髓。

　　其实阿里的待遇比大部分公司好得多，再加上马云许诺的个人成长，还是能吸引有进取心的年轻人的。同时马云也给他们打了预防针，进入公司之后有不爽是难免的。

-14-

创业者书读得不多没关系，就怕不在社会上读书

万般皆下品惟有读书高

企业家往往不是读书大好的人

　　曾有主持人问马云："你说过，读书读得好的话，创业成功的概率比较小。那么你认为，是应该读书，还是不应该读书？"

　　马云回答道："应该这么讲，读书读得好的人很少想到去创业，而读书读得差的人，没有要他，他不得不去创业！""天生我材必有用，对于孩子，会读书，父母要鼓励；不会读书，你也要调整心态，有些人真是不会读书，你把他煮了吃了也不行，但是他有可能在另外方面成长出来。所以，会读书与不会读书，有资源与没有资源，机会都有，天生我材必有用！这世界成功的不止一条路，有很多路！"

　　马云还曾表示："成功不成功跟读书多少没关系。但是跟你成功以后很有关系，成功人士他不读书他一定往下滑，而且会滑得很惨。"

　　总的来说，马云不是爱读书的人，但这不是说他不爱学习，大企业家的学习力都很强，马云主要通过环球旅行、社会考察以及与高手交流来学习，"有的时候创业者书读得不多没关系，就怕不在社会上读书"。另外，管理是实践智慧，在实践中不断总结，是企业家的首要学习模式。

-15-

好老板首先应是个好员工

马云曾回顾自己在杭州高校教书的经历：

我大学毕业的时候，在校门口碰到我的校长。校长对我说："马云，你到那个学校5年不许出来。"我拍一拍脑袋，回答说："好，我五年不出来。"没想到分配到那个学校，我一个月工资只有89块，而改革开放初的深圳可以给我1200元的待遇，很大的诱惑。我想既然承诺了，就不去。后来海南开放了，我可以去争取到3600元的待遇，我还是遵守承诺，就是不去。事实上，在学校教书的5年给了我很大的帮助。能够当一个好老板的人未必是好员工，但要想当一个好老板他首先应是一个好员工。不想当将军的士兵不是好士兵，但是一个当不好士兵的将军一定不是好将军。

华为创始人任正非也强调基层锻炼对于一个领导者的重要性："当军长和连长没有本质区别，只要当过连长的人，一定能当军长，但是没有当过连长，直接从参谋下去当个团长的人一辈子当不了军长。"

古人说，"宰相必起于州部，猛将必发于卒伍"，干部一定要从有基层实际工作经验的人中选拔。否则其管理和决策就可能是纸上谈兵，耽误大事。

-16-
MBA教做事，但要做事先做人

马云："3年以来，我们用了很多的MBA，包括从哈佛、斯坦福等学校以及国内的很多大学毕业的学生，95%都不是很好，也许是我们的原因。站在一个客观的、老师的角度上，我觉得MBA有很多的问题。3年前，我在哈佛商学院、在麻省理工学院讲了MBA的发展和我自己觉得非常重要的一些问题，无论他们听不听，我一定要告诉他们，这是他们必须了解的事情。主要是两个方面：第一，MBA入门学什么？我觉得很多开设MBA教育的学校，不光是中国，全世界各地的MBA学校，只是教了很多技能性的东西。然而，要做事先做人，先学做人的道理。这些MBA进来企业的时候，基础的礼节、专业精神、敬业精神都很糟糕，一来好像就是'我来管你们了，我要当经理人'，好像把以前的企业家推翻了。这是一个大问题，MBA应该先学什么？作为一个企业家，小企业家成功靠精明，中企业家成功靠管理，大企业家成功靠做人。有些人说（企业）做大了自然会做人了，错了！要从一进门就学会做人，从小时就学会做人。"

"对我们自己的孩子，如果他想当老板的话，多给他一些冒险，不仅学习知识，还要学会与人打交道，企业家是在社会中磨练出来的。"

20世纪之前，除了政府机构，人们几乎都是在家庭、作坊里工作，那时智商最重要，牛顿、达·芬奇这样的天才被世人崇拜。20世纪以来，大多数人都是在正式组织里团队合作，超大企业甚至有几十万、上百万员工，情商理论应运而生，这是马云强调"要做事先做人"的大背景。

-17-

情商很高的人一定吃过苦

马云："有人讲马云你很智慧啊，哪来的智慧，智慧的人肯定都是很倒霉过来的人。所有智慧者都是经历过巨大的生理、心理痛苦。智商很高的人未必吃过苦，情商很高的人一定吃过苦。"

"良言一句三冬暖，恶语伤人六月寒"，曾国藩年轻时是比较刚直的人，一次次碰壁吃苦头之后，终于"亢龙有悔"，通过阅读《道德经》，他懂得了"柔弱胜刚强"、"夫为不争，故天下莫能与之争"的道理，情商大增，从此与左宗棠合作愉快，成为清朝的中兴功臣。

来看一个高情商的经典例子。清代开国状元傅以渐，在京城为秘书院大学士，家中因为宅基纠纷，修书一封，希望他能为家中撑腰。收到家人来书，遂修一纸家书："千里修书只为墙，让他三尺又何妨？万里长城今犹在，不见当年秦始皇。"家人看后，自感惭愧，主动让出三尺，邻居知道后，也深感惭愧，让出三尺来，双方化干戈为玉帛，形成了今天的六尺巷。

-18-

没办法也没必要让所有人都喜欢自己

希望人人都喜欢自己

没办法让所有人都喜欢我

马云："时间会证明一切，所以恨我的人，我没有办法让他们happy，我也没有办法让所有人都喜欢我，我也不希望所有人都喜欢我。你喜欢我干什么？和我有什么关系？我老婆也只能娶一个对不对？"

一个做事的人，哪怕情商较高，也往往会得罪一些人，有时是不得不触动既得利益，得罪人难以避免；有时是自己的成绩，让人羡慕嫉妒恨了，"不遭人妒是庸才"。因此，不要有"又想做成事，又让所有人都喜欢自己"这样的自我施压。

来看一个常见的例子，开除员工。马云说："有人说中国公司要开除员工很难，对此有人提出了一个观点叫'心善刀快'，起初听到这个观点的时候，我也被震撼到了，于我而言也是一种教育。后来我们做了一个重要的总结，就是真正要开除员工的时候，要贯彻这个观点——心善，刀要快。如果要开除一个员工，就直接开除，最怕的是'拉锯战'，想起来的时候锯两下。对一个员工不满意，却又不找他谈话，连续三次想要开除都没成功，就像反复拉锯割伤口，最残酷无情。"

"开除一个员工不需要找理由，可能对于员工本人也是一种帮助。有一段时间，我不断强调，在公司里没有开除过人的HR，不允许做招聘，当然这有点理想化，因为公司大了很难做到。但是，如果让一个没有开除过员工的HR做招聘的话，他就可能更加随意，因为不需要他开除不合适的员工。只有开除过员工的HR，在招聘的时候才会格外认真。"

-19-

创业者不是电灯泡，是发动机

马云："对所有创业者来说，永远告诉自己一句话：从创业的第一天起，你每天要面对的是困难和失败，而不是成功。我最困难的时候还没有到，但有一天一定会到。困难不是不能躲避，而是不能让别人替你去扛。9年创业的经验告诉我，任何困难都必须你自己去面对，创业就是面对困难。"

"任何团队的核心骨干，都必须学会在没有鼓励，没有认可，没有帮助，没有理解，没有宽容，没有退路，只有压力的情况下，一起和团队获得胜利。成功，只有一个定义，就是对结果负责。如果你靠别人的鼓励才能发光，你最多算个灯泡。必须成为发动机，去影响其他人发光，你自然就是核心。"

领导力由两方面组成，一是方向感，二是驱动力，所谓驱动力就是推动团队成员沿着他指出的方向前进。

驱动力包含分享力、表达力、意志力等方面，马云这两段话就是讲领导者必须具备意志力。因为创业路上会遇到无数困难，团队成员很容易产生退缩心理，这时领导者必须勇于任事、鼓动大家、率领大家往前冲；如果没有坚强意志，领导者软弱、犹豫，那就会人心涣散，一败再败。这就是老话说的"兵熊熊一个，将熊熊一窝"。

-20-
生意从来不好做，但一代更比一代强

生意越来越难做

生意从来都没好做过

马云："我们经常说生意越来越难做，其实生意从来就没有好做过。年轻人纠结今天IT行业被阿里巴巴、腾讯、百度搞去了，我们刚出来也觉得机会给IBM、思科、微软拿走了，但是你要相信，30年以后，中国企业一定比今天好、一定比明天大，30年后富人一定比今天多，30年以后的文化一定比今天丰富多彩，30年以后的年轻人一定超越我们，这就是世界的变化。我爷爷说我爸不如他，我爸说我不如他，我觉得我爸比我爷爷厉害，我比我爸厉害，你们会比我们厉害。"

近几年很流行阶层固化这个话题，在欧美日韩，阶层流动性确实很低，但在高速发展的中国，平民子弟咸鱼翻身的机会在每个历史阶段都大量存在。例如八九十年代办厂、2000年前后做互联网、21世纪初进入房地产业或做外贸、移动互联网时代做网红、开发游戏、做知识付费等等，正在到来的物联网和人工智能浪潮，又将诞生一大批财富新贵和中产阶级。

成长在21世纪的中国，生意难做还是好做，完全看个人的本事高低，因此努力吧、奋斗吧，正如马云所说："梦想是一定要有的，万一实现了呢？"

-21-

人们的抱怨，就是创业者的机遇

马云："机会在哪里？机会就在有人抱怨的地方。当有人抱怨时，机遇也同时存在。尤其在中国，每个人都在表达不满。当每个人都在抱怨的时候，机会就出现了。当我听到别人埋怨时，我会觉得很兴奋，因为我看到了机会。"

"我想未来在中国，有很多人想致富，帮助他人致富，然后你可以从中分到一杯羹。去改变成功的人是不可能的，但改变渴望成功的人却很有趣。所以，我们相信，中国的潜力不在广东、北京、上海，而是在中西部，这些地区的人想要致富，想成功，有上亿的农民希望获得成功，若我们能帮助他们成功，我们便有了机遇。"

"今日，每个人都在抱怨水、空气、环境。停止抱怨吧，已经太迟了，这是给我们的机遇，那些只会抱怨的人永远不会成功，那些在抱怨中抓紧机会的人才会在未来20年有机遇。"

"危机"是个典型的具有阴阳思维的词汇，危中有机，人们的抱怨之中蕴藏着生意的机会，去帮人们解决问题，而不是参与到抱怨之中。

-22-

不缺批判者，缺实干家

做批判者

做实干者

马云："建立任何一个社会也好，公司制度也好，需要的是千锤百炼的努力和完善。中国一直不缺批判思想，中国缺的是一批实实在在干事、做千锤百炼苦活的人。就如公司不缺战略，不缺idea（想法），不缺批判一样，公司其实缺的是把战略做出来的人，把idea变现的人，把批判变建设性完善行动的人！"

马云强调："我们喜欢的人，是提意见、有建设性意见并且有行动的人，我们讨厌那些天天抱怨的人，我们不喜欢这些人，无论在内网、在外网，我们最讨厌那些天天说公司不好还留在公司里的人。就像老公说老婆不好，老婆说老公不好，又不愿意离婚。"

马克思的名言："哲学家们只是用不同的方式解释世界，而问题在于改变世界。"马云喜欢哲学，但他是个创业者，创业者为解决问题而存在，绝不会停留在批判阶段。有问题，OK，那怎么办？想出办法之后，立即执行，如果不行怎么办？那就继续想办法，继续行动，直至解决问题。

-23-

10年之后成功的事，才是创业者的机遇

马云："做企业切忌今天播种，明天就收获，天下没有那么好的事情！我们公司做任何一个决定，都会这样考虑：今天宣布这件事情，10年以后会不会成功？如果能，那么我们就开始做。如果今天做这件事情，下个月就成功，那么这件事情一定不属于我们，因为我们没有钱，没有资源，不知道什么时候中间窜出一个人就拿去了。"

"什么叫成功，成就他人，功在后代，这是成功。不要去追求快速成功，不要去想3年、5年，我这些事情就是想要做30年，结果20年我成功了，我太侥幸了，一定要扎实做事去弥补。"

亚马逊创始人贝索斯同样把"长期视角"、"延迟满足"看作公司长期成功的竞争优势之一。

今日头条的创始人张一鸣说，我很相信"延迟满足感"，如果一件事情你觉得很好，你不妨再往后延迟一下，这会让你提高标准。很多人人生中一半的问题都是这个原因造成的——没有延迟满足感。以前我的投资人建议，你应该尽快推广，但我觉得不准备好就会一直不做。事实上直到你的竞争对手发力之前，都是你的窗口期。华为就是一家懂得延迟满足感的企业，他们花了大力气在研发上——这些都不是短期见效的事情。

马云、贝索斯、张一鸣的"延迟满足"也就是古人所说的"十年磨一剑"，"大器晚成"，走捷径的人，最终的收获和成就往往不如下苦工的人，"大智若愚"，"大巧若拙"，"慢即是快"。事业是长跑，"笑到最后的，才是笑得最好的"。

-24-

快乐工作，才有顶级成果

认真工作

快乐工作

如果能从工作本身获得乐趣，那就更容易做到延迟满足。

马云："我特讨厌认真工作的人，工作不要太认真，工作快乐就行，因为只有快乐让你创新，认真只会更多的KPI、更多的压力、更多的埋怨、更多的抱怨，真正把自己变成机器，我们不管多伟大、多了不起、多勤奋、多痛苦，永远记住做一个实实在在、舒舒服服、快快乐乐的人。"

孔子主张："知之者不如好之者，好之者不如乐之者。"原腾讯副总裁、著名作家吴军认识各行业的很多优秀人才，他发现，在几乎每一个行业中，最成功的那前5%的人，都是因为喜欢，是从兴趣出发。而从利益出发的人，只能做到前20%到前5%之间的一个水平，并不是最好。维珍航空 CEO 理查德·布兰森有着相似的观点："创业的秘诀是什么？不能乐在其中，就别做。"

-25-

一听见竞争，我浑身快乐

竞争是苦

竞争是福

马云："你问我喜欢不喜欢竞争，我喜欢竞争，一听见竞争，我浑身快乐。竞争比赛的是什么，比如何更加快乐地完善自己，以及让对手越来越火，越来越不爽。生气的人是一定不会打架的，会战者不会怒。今天学会和竞争对手相处才是最厉害的，商场犹如一个生态系统，狮子去吃羊绝对不是因为恨羊，而是不得不吃。"

"打败对手，绝不是你多么强大，而是对手顽固自封的思想，不愿意完善自己，使它失去了未来。我们也是一样，如果被对手打败，是什么导致失败？是技术不如人，我们必须完善；人才素质不如人，我们必须提升员工素质。生态思想，跟对手共赢，一起玩。没有狮子，羚羊们也活不久，所以不要恨对手。"

孟子说，"无敌国外患者，国恒亡"，俗话说"人无压力轻飘飘"，对手带来的竞争压力，会促使一个人、一个组织、一个国家奋发进取。因此有人感谢美国发动贸易战和科技战，这促使中国企业和政府以更大力度、更快速度进行改革。

-26-

竞争无休止,创新无止境

所有生意都有很多竞争者

创新是无止境的

马云："创新是无穷无尽的。有个大学生在淘宝上卖夏天蚊子的标本，还卖得很好。他说在夏天复习功课的时候蚊子咬他，就（想到）给女孩子做成耳环。前几年在阿里巴巴上卖得很好的美国黑人经常用的假发，有人买了一顶，下水去游泳，结果假发的胶水融化了，她不满意就跟我们提，于是几个礼拜后，世界上就诞生了第一款可以下水游泳的假发。"

创新就是旧要素的新组合，要素是无穷无尽的，组合因此也是无穷无尽的，那么创新就是无穷无尽的。创新的动力，则来自无穷无尽的市场需求。

-27-

你打你的我打我的，换个角度看世界

碰见高手必败无疑

改变游戏倒立者赢

马云喜欢下围棋，但水平一般。他在创业初期经常去日本出差，返程时会跟同事在机场下围棋。围棋在日本很普及，到处藏龙卧虎，他们下棋时，经常有候机的日本人过来看。

马云说："一个老头过来看了一会儿，摇摇头走开了；过一会儿，一个小孩过来看了一眼，也摇摇头走开了。我觉得不能再这样丢中国人的脸，怎么办？围棋水平一下子提高是不可能了，于是我们改下五子棋！五子棋我可是打遍天下无敌手，要看就让他们看吧！"

马云喜欢出奇制胜、剑走偏锋，这是个典型例子。他还刻意培养阿里员工的这个能力。

北京奥运时期，马云突然找到彭蕾说："走，跟我去淘宝！我今天要临时抽查，要所有高管都给我倒立，看看他们会不会。"

马云在淘宝创立之初就定下规矩，每个淘宝的员工都需要学会倒立，并且在淘宝内部还有一面 "倒立墙"，专供人们用来练习和表演倒立。

彭蕾这样解释：其实马云是想通过倒立，让淘宝的员工们学会 "换一个角度看世界"，同时倒立这个动作如果一个人很难完成，就会寻求同事的帮忙，这对于增强团队协作也非常有帮助。

一个人本事不强，又进入了高手如云的领域，如果还遵循常规套路参与竞争，那是必败无疑。很多创业者面临的就是这样让人绝望的处境，因此创业者要学习道家的阴阳思维，"兵不厌诈"、"出奇制胜"。

-28-

今天很残酷，明天更残酷，后天很美好

明天会更好

明天很糟糕

在创业时，马云对员工说："从现在起，我们要做一件伟大的事情。我们的B2B将为互联网服务模式带来一次革命！""我们要建成世界上最大的电子商务公司，要进入全球网站排名前10位。"

马云同时也抱有这样的想法："在互联网最不景气的2001年和2002年，我讲得最多的就是'活着'，如果全部互联网公司都死了，我们还活着，我们就赢了。我们永远相信，只要永不放弃，我们就还是有机会的。""每次打击，只要你扛过来，你就会变得更加坚强。我想，期望越高，失望越大，所以我总是想明天肯定会倒霉，一定会有更倒霉的事情发生。如果这一天真的来了，我就不会害怕了，除了打击我，还能怎样？来吧，我都扛得住，抗打击能力强了，真正的信心也就有了。"

马云在创业初期的心态，可以总结为："立最高的志向，尽最大的努力，做最坏的打算。"马云有句名言，"今天很残酷，明天更残酷，后天很美好，但是大多数人死在了明天的晚上"，对明天做最坏打算，有利于坚持到后天。

苏东坡曾总结道，"古之立大事者，不惟有超世之才，亦必有坚忍不拔之志"，对未来做了最坏打算，然后坚持去做，这样坚忍不拔的创业者能够走得更远。

-29-

我们很困难，其实对手也难熬

马云："今天人家说阿里巴巴很了不起，其实这15年我们有1万次想过放弃。最后想了想，已经走到现在了，再熬两天。很奇怪，很多事情你再熬24小时观点就变了。我的坚持就在于每次碰到大麻烦、大困难的时候我睡一觉，明天早上想一想。坚持有的时候就这么简单，冲动的时候，离开一下。"

2011年马云在淘宝全员沟通会上讲了这样一个故事：

当年拳王阿里打遍美国南部无对手，相当厉害，他成为美国南部冠军，也成为历史上有名的黑人冠军。与此同时，美国北部有一个白人拳击手，也打遍北部无对手。两个人决定打一场大仗，在美国拳坛史上代表南方和北方，代表白人和黑人而战。

第一场拳仗白人赢了，第二场阿里赢了，两场都是侥幸。第三场就成了决定胜负的至关重要的一场。第三场，前面八个回合，阿里打得筋疲力尽，以为自己要死了，到第九回合的时候，阿里说打死也不打了，对手也说打不动了，谁都不肯上去，最后在他人的劝说下两人又打了一回合。这回合结束后，阿里说我输了，不打了，那时对手也跟教练说不打了，就算赢也不上去了。在关键时刻，阿里跟教练说把白毛巾扔出去，我们投降吧，教练刚刚要扔白毛巾的时候，对手的教练先1秒钟把白毛巾扔到外面，这样阿里取胜。

马云用这个故事告诉员工，在最困难的时候，要想想其实自己的对手也好不到哪去，只要自己比对手多坚持1秒钟，就能成为最后的赢家。这就是俗话所说的"剩者为王"、"伟大是熬出来的"。

-30-

你无法改变世界，但可以改变自己

抱怨现实缺陷

积极改变自己

马云："永远用乐观的眼光看待这个世界。在这个社会上，你永远会郁闷，一定会郁闷，一定会痛苦，一定会沮丧，一定会觉得这个不爽，那个不爽。不仅你们这么觉得，人类社会几千年以来几乎每个人都会郁闷过。每个人都痛苦过，每个人都难过过。但是人类社会永远是一代胜过一代。不管发生什么事情，要相信明天会更美好。这世界上会有很多不满的事情，不爽的事情。你改变不了多少，改变自己，才能改变未来。""所有的成功者都在检查自己，所有的失败者都是别人的错。"

政治家要有社会学思维，改善收入分配、加大教育投入、提供医疗保障、扶持创业创新。而作为个人，并没有以一己之力改变种种社会环境缺陷的能力，这时不适合用社会学思维成天批判与抱怨，而是应该把注意力放在自身的进步与完善上。正如马云所说，"改变世界的事情留给总统、留给总理、留给主席去干，改变自己显得更为重要"。

佛法讲因缘，外缘是我们无法掌控的，但我们可以掌控自己，积极改变内因，"穷则变，变则通，通则久"。

-31-

想象力是顶级生产力

马云："有的时候我们觉得自己做得很好，其实是想象力不够；有时候我们觉得自己做得很烂，其实也是想象力不够！别人做得很好，觉得不能超越他，其实还是想象力不够！BAT现在大家都觉得很了不起，但其实是想象力不够。"

"我从来不缺乏想象力。我们刚做阿里巴巴的时候，有媒体说，如果阿里巴巴能成功，除非把万吨轮船抬到喜马拉雅山上去。很多同事问我怎么看？我说我们就抬上去试试！最重要的是你自己相信，这就是我和忽悠的最大差别，忽悠是自己不相信，却让别人相信，而我是自己相信，别人相不相信不重要。"

"如果我们能预判未来二三十年社会可能出现的问题，并且现在开始做，那么当未来社会问题出现的时候，你马上就可以解决它。你能解决的社会问题越大，你的价值就越大，就越成功。"

"当初微软做起来的时候，人们都说没人能超越微软，后来出现了雅虎；人们说没人能超越雅虎，后来又出现了eBay；人们觉得eBay已经很了不起了，又出现了谷歌；当人们觉得谷歌已经'像太阳一样无法被超越了'，现在又出现了Facebook。有人说，马云你创业的时候环境和机会比我们好，你运气好，所以你成功了，但我们没机会了。我说那不可能，这世界永远有机会。"

马云举的这些例子，已经足以证明大家缺的不是机会，而是想象力。未来属于相信未来、开发潜能、积极行动的明白人。

-32-

机会往往在适应变化的痛苦中获得

马云："大家记住，不是我们喜欢变革，不是我们善变，而是市场变化太快。记不记得盖茨以前讲过，任何软件不可能超过18个月？今天任何公司能够红18个月就很了不起了，更别说一个产品。"

"革别人的命是容易的，我们把eBay给革了，但革自己的命是最难的。而且我确实不否认管理层也好、决策层也好，都有过错误，做过一些愚蠢的决定。昨天打仗，今天撤回来。但是有一点要明白，你不变，一定会死；变了，也许会死，可说不定也就蹿出来了。"

喜欢安稳是人类本性，农耕民族尤其如此。但马云把"拥抱变化"作为阿里基本价值观之一："东西方哲学的核心思想就是拥抱变化、创造变化。""任何抵触、抱怨和对抗变化的不理性行为，全是不成熟的表现，很多时候还会付出很大的代价（因为你不动，别人在动！）。"

政策、市场、对手在不断变化，形势比人强，企业和员工只能跟着变。马云指出："变化往往是痛苦的，但机会往往却在适应变化的痛苦中获得。""真正的高手还在于制造变化，在变化来临之前变化自己！！"

孙中山先生的格言在21世纪仍未过时："天下大势，浩浩汤汤，顺之者昌，逆之者亡。"

-33-

竞争的辩证法: 对手越强, 你才会越强

对手是敌人

对手是友商

马云："大家有时候会想，对手更强大是什么概念？就像贼越傻警察越无能，贼越强则警察越强。对手越强，你才会越强，你看到任何一个对手，你都要把它看作一种福报，因为今天终于有一个人让我练一练了。但是，千万不要你死我活，因为你搞死他，你未必能活下来。"

马云的话让我想起这几年流行的一个词"友商"，百事可乐与可口可乐、高露洁与佳洁士、湖南台与浙江台、肯德基和麦当劳、茅台和五粮液、美的与格力和海尔，都是"友商"。有强大对手确实有利于化压力为动力，促使自身进步。正如可口可乐因为百事可乐的挑战而推出了诸多创新举措；中国面对美国这样强大的对手，就不得不加速自身的迭代进化。

-34-

老板无为，部下才能大有作为

马云："有人问我，马云你最担心什么，有没有竞争对手？阿里巴巴还真没有竞争对手，我们自己是最大的竞争对手。我觉得这个公司最大的风险在我身上。如果把自己看得太大，把自己看得太有能力，什么事情都想插一手，什么事情都想管的时候，问题就大了。"

"当我们越往上走的时候，越觉得自己天下什么事都懂。这个房间里的人，谁敢承认自己的能力不够？每个人的能力和对自己的看法永远不匹配，但事实上我们的能力都有限。我担心别人对我的表扬，让我飘飘然，做了一个愚蠢的决定；我担心别人骂我，让我火气很大，做一个愚蠢的决定。"

"但我认为今天的阿里巴巴总体来讲，没有可能让马云做极其愚蠢的决定。尽管我们没有这样的机制，但是我们的文化和人才梯队在。如果今天我做一个愚蠢的决定，蔡崇信肯定是反对派，彭蕾、陆兆禧、曾鸣都会跳出反对。以前凭嗓门做决定，今天我讲话响没用，你要说出道理来才行。"

创业维艰，没有自信的人走不到成功的那天，但成功后很多企业家往往膨胀了，从自信走到了自负，认为自己无所不能，在公司搞一言堂。组织的意义在于强强联合，企业家要有反省精神，认识到自己的种种短板，并放手让专业人士去弥补自己的短板。马云推崇无为而治的领导力，老板无为，困住自己的手脚，部下才能大有作为。

-35-

财富是每天积累下来的诚信

道德无用论

诚信是财富

马云："1995年、1996年，我们做中国黄页的时候，我也发不出工资了，离发工资的时间只有3天，我账上只剩下2000多块钱，而工资要发8000多。那时候很残酷，我们的员工说没关系，我们两个月不拿工资也跟你干下去。但人家说两个月不拿工资可以，你得出去借，用你的诚信。"

"因此，我觉得一个CEO、一个创业者最重要的也是最大的财富就是你的诚信。如果我今天问雄晓鸽或者吴鹰借1000万，他们如果有钱，也会借给我，这是基于我们平时之间的了解、信用。如果是他不认识的人，即便就是借1万，他也觉得不行。所以，一个创业者一定要有一批朋友，这批朋友是你这么多年诚信积累起来的，越积越大，像我账号的财富，就是每天积累下来的诚信。"

博弈论里有个重复博弈理论，举例说明，小区附近的餐馆会比火车站的餐馆更注重饭菜的质量和口味，因为火车站餐馆的顾客是高度流动的，那就没必要做得多好吃，反正他们来过一次可能再也不来了；住宅区附近的餐馆靠回头客赚钱，是重复博弈，就会以好吃来吸引人。

我们与自己的社交圈是重复博弈（反复打交道），那就必须注重自己的口碑，不然没人愿意帮忙或合作，自身发展就会极大受限。以"厚黑学"讽刺社会的李宗吾说，一个人就算傻一点，被骗了很多次，也能反应过来这是个坏蛋，不能和他来往，所以做人还是要讲诚信。

大讲道德、看似迂腐的孔孟，其实是对的。圣人这样的至高尊称可不是白来的。

-36-
有钱人首先是给予者

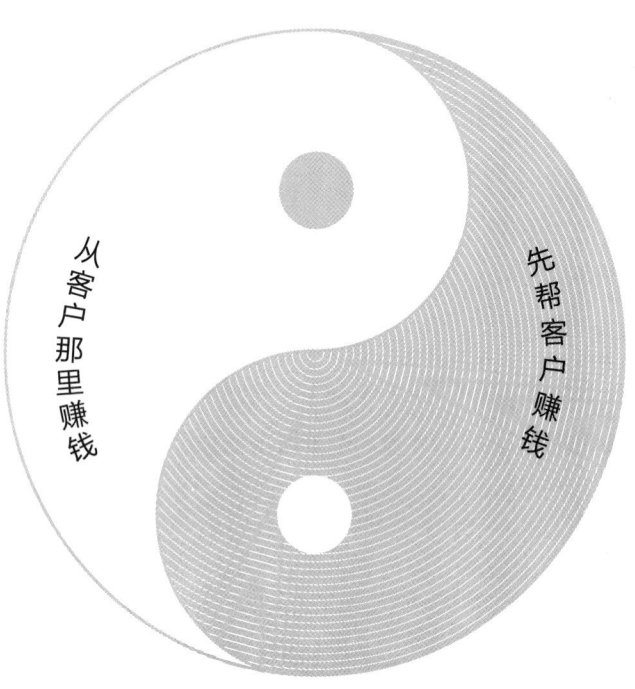

马云的生财之道与大多数商人正好相反："2003年、2004年、2005年我在做互联网的时候，我其实就记住一样东西，就是帮我的客户赚钱……心里面永远不会改变一样，那就是，只有淘宝的小卖家挣钱了，我们才有活下来的可能。"

"销售人员不要盯着客户口袋里的5块钱，应该是帮客户把口袋里的5块钱变成50块钱，然后再从中拿出5块钱。如果客户就有5块钱，你把钱拿来，他可能就完了，然后你再去找新的客户，那就是骗钱。帮助客户成功是销售人员的使命！"

曾有网友提问读什么书能赚钱，马云表示，很多年轻人过多关注了术，过多去思考要想赚钱。"你要思考我能做什么东西给别人，提供给别人的价值是跟别人（同行）不一样的，只有这个不一样想明白以后，钱自然会来。"

马云经商的思路是先予后取，正如史学家范晔在《后汉书》里所指出的："天下皆知取之为取，而莫知与之为取。"

-37-

无为而治：文化强大是真正的强大

制度至上

文化至上

马云推崇的无为而治的领导力，还包括不迷信制度万能，重视以企业文化无形管理。

马云："这里要讲一个故事，重复了N遍，依然很感动。所有人分析丰田战略做得很好，市场销售很好，团队能力做得很好，但实际上他们很强大的是员工。有一天美国的一个城市里面，晚上十一点下了瓢泼大雨，有一辆车停在路中间，雨刮器坏了。这么大的雨，闪电雷鸣的，怎么办？突然雨中跑来一个老头，这个老头趴在车上，把雨刮器修好了。车主问他是谁，他说我是丰田的退休工人，看见我们公司的产品在路上有问题，我有责任修好。"

"假如你有这样的员工，你在公司不需要什么战略，自然会发展起来，而且越来越强大。这就是文化，规章制度一定不会写'出去的时候看到雨刮器坏了，赶紧趴上去修'，只有对客户真正热爱，把客户放在脑子里才可以。这就是公司组织的强大。"

"类似的故事在淘宝里面也发生了。那天有人给我看一个微博，是阿里巴巴一个小女孩写的。她说我在跟老公看电影，电影看了一半，老公接了一个电话走了，这样的事情已经发生好几次了，我只能流着泪看完电影，但是我向淘宝工程师致敬，今天晚上宕机了，我老公是淘宝工程师。阿里巴巴有过多少这样的故事！淘宝有过这样的故事！支付宝有过这样的故事！今天阿里云也在发生同样的故事。公司文化的力量就是这样，没有一个制度说你必须得马上走，但是他会。我能够跟这些人共事，今生荣幸。"

-38-

虚的要做实，实的要做虚

实是实，虚是虚

虚的做实，实的做虚

马云认为"虚实"在企业运营过程中是极其关键的：

"在跨国公司中你要找的是叛逆者，在民营企业中你要找的是正人君子。民营企业路子野，你要找正人君子；跨国公司都是按照流程走的，这是一个叛逆者，必须拖出去。所以我说虚的要做实，实的要做虚。文化是虚的，必须做实，必须考核，只有做实了，这个文化才值钱。业绩是实的，做虚它，你就会有机会。"

马云强调，"虚"技术一定要做实，而实的产业必须要学会"虚"。"虚"数据时代，无论是VR技术，还是AR、区块链等技术，这些技术再先进、再流行，风投资本再喜欢，如果不能和制造业、服务业相结合，不能推进转型升级，不能推进社会向更加绿色、更加可持续、更加普惠发展，不能让人们的生活更加健康、更加快乐，这样的技术就变得毫无意义，也不会、不可能有广阔的前景。

太极拳术以分虚实为第一义。马云在企业管理中把实的做虚，把虚的做实，他靠虚的价值观、使命感来做出实的利润，他考核每位员工是否落实价值观，要求阿里每年的年终奖、晋升都要和价值观挂钩。把虚的文化做实。

把文化做实的另一个要点是，阿里的制度源于价值观，并靠价值观来完善。"制度从哪里来？我花很多时间想这个问题，最后终于搞明白，制度是基于文化的。文化有很强的约束力，红线都是划好的，在这样的基础上建立法律体系才管用。"

-39-

经理人要有父母心

管理是权力

管理是责任

马云："Manager（经理）是干吗？员工为自己干，Manager为别人干。当Manager之前告诉他，愿不愿意当Manager，昨天个人成功就是你的成功，明天别人的成功才是你的成功，你愿不愿意走这条路？向你报告的七个人，他们家庭的快乐，他每天的喜怒哀乐，他的收入，他的奖金，他的买房子、买车的梦想，基本上靠在你的身上，你是不是承担起这个职责？"

"每次走进诚信通和直销团队，我有莫名其妙的感动，莫名其妙的难过。这些姑娘们、小伙子们，三年五年做直销，除了销售还是销售，我们帮了他们什么？他们的未来在哪里，三年以后干吗，我们想过没有。如果你是他们的Manager，你要做什么工作？三年到了，公司内部有任何机会，把他调出去、送出去，让他有机会发展。我自己这么看，我也努力往这方面做，无论是彭蕾、老陆、戴珊、曾鸣，包括蔡崇信、王帅，能够有机会的，我一定要想办法。"

成为管理者，不仅是有了权力，更是承担了责任，对组织目标的责任，对部下成长与福祉的责任。管理者要有同理心，要换位思考，真正把部下的需求放在心里，"所有Manager首先是做人"。

-40-

成功的极致是孤家寡人

成功很好

成功后想逃

马云曾表示自己为盛名所累："今天的名越多，对我的灾难越大，去酒吧，跟人家搭讪都没有机会了，这是很残酷的。"

"我这两年忙成这个样子，累成这个样子，人不像人鬼不像鬼的……你没有到达过8000米以上，你不知道空气有多么稀薄。你真的爬到了8000米以上，你会想自己怎么这么蠢，跑到这上面来。你信不信？高处不胜寒。你倒是给我碰碰商城事件试试看？你倒是香港有人给你竖个灵牌试试看？要是没人知道我是偷偷摸摸早下来了。但是你看后面这么多给养部队在支持你，赞助商都在看，你还得咬牙切齿往上走一走。这时候如果有人能上的话，兄弟，你上。"

"孤家"和"寡人"都是古代帝王的自称，"孤家寡人"则用来比喻脱离群众、孤立无助的人。帝王高高在上，拥有至高无上的权力，没有人在地位和权力上与他对等，伴君如伴虎，所有人在他面前都战战兢兢的，因此帝王没有朋友，没有可以倾诉的人，"沦为"孤家寡人。位高权重、声名卓著之人，付出的代价往往是真朋友越来越少、孤独感越来越重，这也是阴阳法则的体现，有一利必有一弊。

-41-

人前显贵，人后遭罪

企业家风光无限

企业家苦比乐多

马云："创业者很不容易，非常孤独，家人、朋友、妻子可能都不支持你，我都习惯了，你也必须习惯。当你孤独的时候，用你的左手温暖你的右手。"

"大家看到我们今天成功的时候，没有看到错误的时候、沮丧的时候，同事闹矛盾的时候，政府找麻烦的时候，没有钱的时候，发不出工资的时候，客户不满意要求退货的时候。"

"在创业过程，无论你多成功，都是短暂的。但是付出的代价是非常大的，犯的错误是无数的。全世界企业家都是这样，你们看到他辉煌，但是一定没有看到他背后付出的代价。我们懂得自己温暖自己，自己安慰自己。"

"我们只能开2000块钱工资的时候，别人到公司抢员工出5000元的时候你该怎么办？其实每一天你要面对这样的困难，一直希望自己把公司做大了，也许我就不会有那么多麻烦。"

"现在明白了企业越大，麻烦越多，责任越大。还不如自己在小房间创业的时候。但是另外来讲，能做阿里巴巴，能够给这么多人服务，能做这样的事情，是一种福报，是修来的。别人想干还干不来，既然做了，就做下去。"

马云说的还是阴阳一体的道理，获得多大的成功，就得付出多大的代价。俗话说"只见贼吃肉，不见贼挨打"，"台上三分钟，台下十年功"，人们看到的仅仅是成功者在台上的风光。马云的话，有助于大家理解一句老话"要想人前显贵，必先人后遭罪"。

-42-

996: 苦乐参半、悲欣交集

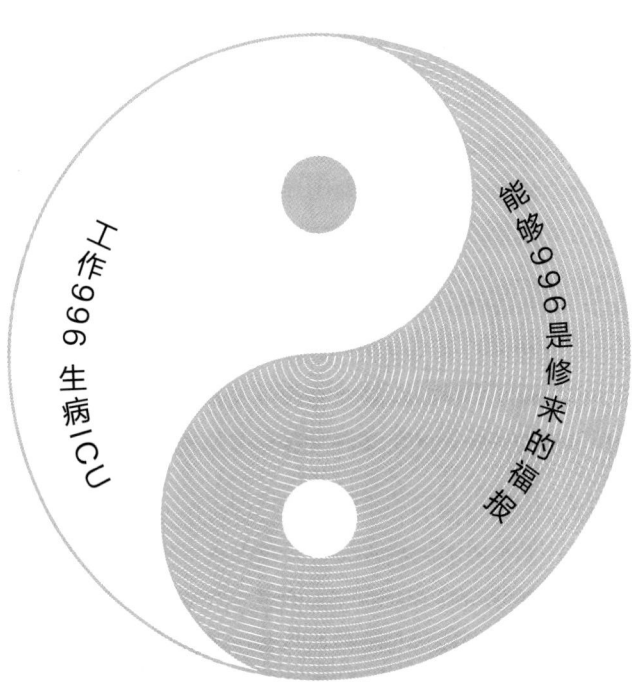

2019年，"996ICU"这个词被程序员群体扩散到全社会，996ICU指工作996、生病ICU，也就是工作从早上9点上班到晚上9点下班，每周工作6天，生病了就住进ICU。

马云先后三次对这个问题进行表态。在《劳动法》层面，他认同大众的观点，表示"任何公司不应该，也不能强制员工996"。

但马云从个人奋斗、事业追求的角度提出了反对意见，认为"能够996是修来的福报"，大体上有以下两个理由：

"这个世界上，我们每一个人都希望成功，都希望美好生活，都希望被尊重，我请问大家，你不付出超越别人的努力和时间，你怎么能够实现你想要的成功？"（马云之前还说过："创业者的工作和生活是没法分开的，你一方面喜欢车，又不喜欢堵，不可能。你就得喜欢堵，你才有可能有车，要不你没戏。"）

"那些能坚持996的人一定是找到了自己的热情之处，找到了金钱以外的快乐之处。"

不愧是马老师，这两个理由都很强大，各领域最优秀中国人的经历可以为其证明。但其实几年前马云也曾在采访中表示自己为了阿里终日忙于工作，没有时间陪家人，后悔创办了阿里："如果能再活一次，我绝对不要这样。"

马云的这两种态度都是真实的，事业追求是阴阳一体的（有得必有失的）。因为传承了几千年不变的积极进取、力争上游的国民性，大部分中国人和马云一样，在矛盾心态中持续奋斗。

-43-

熟悉本土市场，土鳖战胜海归

　　马云："我是百分之百中国造，没有在海外读过书。我觉得挺好，正因为我从普普通通的一个家庭出来，从普普通通的学校出来，高考也失败，我跟绝大部分中国的老百姓一样。从冯小刚的电影我明白他想说明什么问题，我跟大妈、阿姨，跟我外婆一讲，我就知道他们想干吗，他们的目的是什么，也许正因为这样，我特别能够了解中国老百姓的心态和市场客户小老板的心态。我又学的是英文，所以我知道西方社会里倡导的是什么，同时我自己当老师，我懂得学习其他很多知识，所以我觉得这些都是很好的经验。人的一辈子很多经历都是为一件事两件事在努力，如果你能够专注好这个，应该做得不错。"

　　阴阳思维意味着"坏事"之中蕴藏着好事，马云就发现了作为中国土著的创业优势：熟悉中国用户的深层心理——其实当年没出过国的毛泽东能够领导留苏派精英，也是这个道理。推而广之，家庭出身一般的人，比起富二代，更了解普通老百姓的消费心理。

　　打算送子女留学的家长，也可以琢磨一下马云的这番话。如果让孩子在中国读完本科，大学期间尽量多实习，等到研究生再出国，这样孩子既熟悉中国社会，又能接受西方文化，会有更广阔的发展前景。

-44-

目前的落后就是未来的机遇

马云："相比美国，为什么中国的电子商务成长速度如此惊人？因为在中国的商业基础建设太差，不像在美国，你们有汽车，线下有无处不在的沃尔玛和凯马特。但是在中国，我们并没有这么好的基础设施。电子商务在美国如同餐后甜点，它是对主流商业的补充。但是在中国，电子商务已经成为主菜。"

马云所说的就是典型的利弊相生（阴阳一体）的案例，美国线下商业效率太高，所以人们对电子商务的需求就远不如中国强烈。

改革开放四十年，中国的平均投资增速远高于欧美日也遵循了利弊相生的道理，因为之前中国太穷，投资太少，所以充满了值得投资的领域。欧美和日本作为发达国家，各个领域已经充分发展，所以要找投资机会就没那么容易。2035年之前，作为人均GDP不高的发展中国家，中国的投资机会仍将超过欧美日。具体到中国内部，相对落后的西南地区的投资机会就很多，近几年发展速度明显高于东南地区。

-45-
得小客户者得天下

二八法则

八二法则

　　马云："我理解的新金融最大的变革是由原来的二八变成八二，原来金融机构只要服务好20%的大客户就行了，服务好国有企业，服务好跨国企业，服务好有钱的企业，然后赚80%的利润，他们是服务20%的客户赚80%的利润，日子过得非常好。"

　　"但是未来的世界一定是八二，也就是你必须要服务好80%昨天没有被金融机构服务的人和企业，未来的金融必须是普惠的，未来的金融必须是每个人有公平的服务。如果你今天不去思考80%没有被服务的，你不去思考金融是让每个人拥有公平的权力，你没办法做，如果你不去思考如何让金融变得普惠，你不会取得很好的发展。"

　　其实马云最初创业也是反其道而行之，花大力气帮助小企业、小店主在网上做生意，这个思路成就了阿里巴巴这个巨无霸企业。回顾历史，国民党是服务10%的大客户的，共产党服务90%的小客户（工农），最终是共产党赢得了未来。

-46-
创业要反其道而行之

互联网创业火热

改造传统经济

马云："创业真的如果让我重新开始，今天也许我未必会干互联网行业，因为互联网这个行业里聪明人太多了，今天进入传统的实体其实机会最好，既便宜，成本又低，而且只要把它们跟互联网接在一起就很有可能成功。"

"今天如果我重新来过，我一定冲到线下去，以前是大家不相信网络，我冲进了网络，现在大家都觉得网络很重要，我认为线下很好，那边你可以一马平川，真的是这样。这个世界永远不缺机会，大家千万不要觉得今天网络已经是很发达了，那是缺乏想象力，未来的三五十年网络对社会和每个人带来机会，而且这种机会是想象力出来的，现在已经进入想象力经济。我也希望大家千万不要觉得这活都被马云这帮家伙抢掉了，我们当年也想过，都被比尔·盖茨和巴菲特抢掉了。"

创业跟炒股一样，得有逆向思维，而且得趁早逆向而动。"天下难事必作于易，天下大事必作于细"，在互联网"草色遥看近却无"的早期，马云就冲进去创业了；在利用互联网重做传统产业的机会"小荷才露尖尖角"的时候，马云就倡导"新零售""新制造"了。

-47-

所谓智慧，就是消除二元分别

马云："未来的制造业一定是服务业，而未来的服务业一定是制造业。大家记住，纯制造业的时代可能过去了，纯服务业的时代也过去了，更何况很多人都没分清楚什么叫制造业。"

"我有时候开玩笑，大家说海底捞是服务业还是制造业？海底捞实际上是一个制造业，只是端到桌子上那一刻是服务员帮你端上来而已，它后面的采购、生产、材料整个就是一个制造业的过程。"

"大家讲虚拟经济，虚拟经济是偏金融的，要发展实体经济，一定要发展好虚拟经济，不要把实体经济和虚拟经济对立，金融不是坏东西，但是以前的金融没有发展好，不是金融不好。"

在传统概念中，制造业与服务业是截然不同的，虚拟经济与实体经济也是相互割裂的。今天与未来创新创业的一大重点，是制造与服务如何相互融合？实体与虚拟如何实现一体？如果大家都去思考与实践，中国企业会有一番新的作为，中国经济会出现一片新的天地——新零售与互联网小微金融，已经展现了勃勃生机。

-48-

凡夫创业，见物不见人

公司的产品是物

公司的产品是人

马云曾在演讲中表示，令他感到骄傲的并不是阿里巴巴的商业经营模式，也不是因为自己靠阿里巴巴赚了多少钱，其实阿里最骄傲的就是拥有一批人才。

马云："什么是公司的产品？公司的产品是人，人不提升、员工不提升、干部不提升，产品哪怕提升，将来也会掉下去。一个企业，要看你的人才培养和训练体系有多好，这个很关键。"

企业以产品赢得用户，产品的背后是创造产品的人，人是因，产品是果，有善因才有善果。"菩萨畏因，凡夫畏果"，优秀企业家会把重点放在"因"上，在员工的选、育、用、评、留等环节上下大功夫。马云认为："一个企业从竞争对手挖人是很不明智的，优秀的员工一定是公司自己培养出来的。我们招进来的人，3年才成阿里人，5年成为阿里陈。"

好企业就是好学校。日本经营之神松下幸之助曾对员工说过："你们去客户那里拜访的时候，如果人家问松下电器是生产什么产品的公司，你们就回答他们说松下电器是培养人才的公司，顺便也生产电器产品。"

-49-

老不如少：与年轻人一起赢得未来

马云："年轻人记住，你今天懂的是你爸根本没有听说过的东西。绝大多数老年人是不如年轻人的知识结构。"

"我没发现我有什么好习惯，我自己觉得我有一件事情，我对公司的年轻人特别好，只有听听他们的意见，多跟他们交流，跟他们吵吵闹闹我觉得很好。然后我花很多时间想未来，我这个脑袋比较小，所以里面的内存很少，我清理得很快，昨天的事情忘得很快，但是对未来会发生什么，我会很关注。"

马云希望大家高度关注"30"："第一关注未来30年，第二关注30人以下的企业，第三关注30岁左右的年轻人，只有这样我们才能对未来有希望、有期待、有准备。"

如何面对高速变化的未来？和年轻人混在一起、打成一片是个好办法，准确了解他们的所思所想，才能对未来的营销趋势、消费潮流、管理变革做到心中有数。今天很多年轻人在电竞游戏、网络直播、网红电商、知识付费等领域年入百万甚至千万，而很多80后、70后不说跟上潮流，就连看都看不懂了。不倚老卖老、虚心向年轻人学习，已经变得很有必要。

-50-

企业不在多大，而在多好

马云："在座所有做企业家的人，20世纪以企业大为牛，21世纪是以企业好为牛，儿子不在于有多少，不在于长得多高大，而是好儿子最重要，有两个倒霉儿子够你喝（一壶）的。"

"我讲两个故事：一个故事是我那一年到日本去，有个日本小店门口挂了小牌子，说纪念本店145周年，我就跑进去看，一对老夫妻在做糕点，说我们这个店已经做了145年，日本天皇的亲戚到我家买糕点，我们两个夫妻做得很好，让人觉得无比羡慕，他们讲的时候充满着快乐。现在我们的大企业有这种快乐吗？没有。"

"另外一个故事是星巴克的创始人跟我讲，他有一天到伦敦最贵的街上看，最热的小街上有一个小门脸在卖奶酪，这怎么赚钱？他跑进去看有一个老头干干净净在做奶酪，他问我想问你一个问题，你这个房租付不付得起？老头说先买20块钱再说，他就买了20块钱的奶酪。那个老头说，年轻人看看这条街的这头到那头都是我们家的，我们家祖祖辈辈卖奶酪，都在这条街上，我们就能做奶酪，我也不会做其他生意，就买个门店租给别人，最后这条街都是我们的，我还在卖奶酪，我的儿子在郊区卖奶酪。如果你能坚持去做自己开心的事情，有一天你也会拥有这么个东西。"

马云这个观点的背景是：20世纪中国消费是"从无到有"，企业生产规模越大，卖得就越多；21世纪消费升级，人们追求"从有到优"，企业把产品和服务做得好才会一直牛。

-51-
新全球化的强大不是征服而是合作

马云："你的眼光只能看到一个县，你就只能做一个县的生意。眼光看到一个省，你就能做到一个省的生意，如果你的眼光看的是全球，你就能做全球的生意。"

"今天的企业家必须拥有全球视野，哪一家企业有全球化的意识，哪一家企业就有更美好的未来。全球化的潮流不会改变，全球化只会越来越完善。全球化不是国际化，国际化是一种能力，而全球化是一种格局，是一种境界。毛泽东不会讲英文，尼克松不会讲中文，但他们两个人在1972年制定了最了不起的全球化战略。"

"全球化的核心是在其他国家和地区创造独特的价值，创造就业，做当地做不到的事情。全球化首先要讲究的是尊重其他文化，尊重其他民族，尊重其他民族和人民的创新。"

马云强调的和气生财的"全球化"，其精神底色是"人类命运共同体"，有这样的格局，才能从"霸道"的"旧全球化"转向"王道"的"新全球化"。这与特朗普"美国第一"，与加拿大、墨西哥、中国、欧洲、日本不断打贸易战的做派是截然不同的。

-52-

有领导力，外行也能指挥内行

曾有记者问："你学语言出身，是如何走进科技行业的？"

马云回答道："其实我没有参与科技工作，我只是参与了创业工作。但是正因为我不懂科技，让我更加尊重科技，我们始终聘请最好的科技人才，而且我经常告诉我的员工，客户需要什么，人们需要什么，懂得这点很重要。"

马云曾自述道："我不是学技术的，我对IT真不懂，我也不懂管理、不懂产品，但是我后来发现自己找到了一个地方是可以做的，就是在管理、在领导力、在怎么样把梦想变成现实上，我估计我比绝大部分IT人花的时间更多。"

外行领导内行，关键是方向感和驱动力，所以他必须坚持使命、懂市场需求和激励之道，但可以不懂专业技能。

来看一个例子。马云说："当你在第二、第三的位置上时，可以跟着第一走，但是站在第一的位置上时，往往不知道该往哪里走，因为第一没有参照。"那时我凭什么做出一系列决定，就是凭借使命感。"例如，爱迪生企业的使命是什么？Light to world（让全世界亮起来），从企业CEO到门卫，大家都知道要将自己的灯泡做亮、做好，结果现在"打遍天下无敌手"。

再来看华为的例子。有一回，原国家证监会主席肖钢访问华为，当聊到IPD变革时，徐直军跟肖钢说："老板懂什么管理，我们的变革IPD（集成产品开发），他就知道那三个英文字母。"任正非坦承："我个人既不懂技术，也不懂IT，甚至看不懂财务报表，唯一的是，在大家共同研究好的文件上签上我的名……"但任正非懂得组织建设："我在达沃斯讲话，说'提了桶浆糊，把十五万人粘在一起，力出一孔、利出一孔，才有今天华为这么强大'。

-53-

从打工仔到合伙人

员工为老板打工

为共同目标而奋斗

马云："30%的人永远不可能相信你。不要让你的同事为你干活，而要让我们的同事为我们的目标干活，共同努力。团结在一个共同的目标下面，就要比团结在你一个企业家底下容易得多。所以首先要说服大家认同共同的理想，而不是让大家来为你干活。"

"（阿里的核心竞争力）不是科技，而是文化！科技只是工具，我们更重视价值、使命和愿景。工作是为了帮助别人而不是赚钱，在我的公司里，客户第一，员工第二，股东第三，这就是我们的信念。我记得在上市前，很多人对我说：'马云，要保持股价的上升趋势，我们是大股东。'而当危机一来时，这些人全跑了，但我的员工留下了，客户也留下了，这就是公司文化的重要性。"

"我记得我在做阿里巴巴的时候有一个机会，有一个很大的公司给我的年薪是150万美金，不包括奖金和奖票。这是很大的诱惑，但是我没有答应。我家人说我是疯子，这么多钱，你不要。我就是说这个机会我不要，我就是想创办一个中国人的网站，所以有时候你要做什么很强烈的时候，你会抵挡很多诱惑。"

"我知道我自己是谁。我知道我做了什么，我没做什么，我点燃了我的同事心里面的几盏灯，而且是巧合中点燃，这些同事共同点燃了700万卖家的灯。形成了这个事，我只是点了一下灯而已。"

用共同的使命、愿景、价值观来团结大家一起奋斗，而不是吸引一帮打工仔，这是优秀团队和普通团伙的区别。

-54-

信任但不放任, 相马不如赛马

马云认为："用人要疑，不是不信任，如果不信任，那他也不该在这里了。信他，但不能任着他。作为老板，考核是你的责任，如果不考核，那出问题了，错就在你。疑人要用呢？虽然你有怀疑，但你想得并不总是对的。要try，去试试。"

"用人要疑"，一个组织不能没有考核与监管机制，人是天使与魔鬼的集合体，哪怕好人也有潜藏的懒与贪的人性，放任不管，很可能让人性恶的一面释放出来。因此放任是把人给害了。

"疑人要用"，意味着依靠"相马"能力，不如依靠"赛马"机制，"路遥知马力，日久见人心"，时间会筛选出德才兼备的人才。这样做的好处是大大减少了错过人才的概率，同时人人都有竞赛机会，非常公平。

其实中国股市尝试注册制，同时加强监管，也是这个道理，放宽企业进入股市的条件，交给时间来筛选出真正优质的上市公司。

-55-
以执行力碾压一切对手

马云曾和日本软银集团创始人孙正义讨论过一个经典问题："一流的点子加上三流的执行水平，与三流的点子加上一流的执行水平，哪一个更重要？"他们给出了一样的答案：三流的点子加上一流的执行水平。

马云说过："阿里巴巴不是计划出来的，而是现在、立刻、马上干出来的。"执行力之所以胜出，一个重要原因是它能迅速验证点子（战略）的好坏，然后调整战略。当战略经过几次迭代变得更加优秀，又能被执行到位，这样的组织能够成为最终的赢家。

中国共产党在早期就进行过大量的战略试错，当它找到正确路线，再加上强大的执行力，很快就夺取了全国政权。

阿里、华为等卓越企业在创业早期也经历了这一试错过程，贯穿始终的执行力是它们胜出的根本。马云和任正非都喜欢学习中共的组织建设，很大程度上是意识到了企业要是有那样强大的执行力，就能碾压一切对手。

-56-

没有系统思维，别搞战略转型

重视战略转型

配套组织调整

马云："如果你觉得你的战略要调整，你问问看这三件事情有没有调整：第一，人调整了没有；第二，组织调整了没有；第三，KPI调整了没有。我发现很多企业每年讲我有新战略，但是从来不换人，不调组织，不调KPI，你等于没换。"

很多组织战略转型的口号喊得震天响，最后却虎头蛇尾，落实不了。因为战略的落地需要组织、人才的配套，需要权责利机制的调整。例如一个传统制造型企业要搞"互联网+"，但却不成立新公司来搞，又不大力引进互联网人才，然后KPI又不调整，还是要求年底必须盈利，可想而知，其新战略的失败概率是无限大的。

如果说战略是看得见的"阳面"，那么组织、人才、KPI就是"阴面"，阴阳相济，方能成事。

马云强调："过去几年，我们花了最大的时间和精力不是在数据和钱上，而是在人才和组织上，没有人才储备和奖惩体系，所有的战略都是白说的。你一个人干到死，没有用，必须有组织来干。"

我们回顾十八大以来的中国改革，其实也是这样的系统工程，大道相通。

-57-

大道至简: 永远专注客户需求

马云："高管一定要明白客户的需求，阿里巴巴B2B当年创业的时候，我太明白创业者的痛苦，小企业的痛苦，那时候最简单的产品都明白。今天来了上万名员工以后，大家开始专注产品了，其实要永远专注客户，客户需求要听明白。"

产品思维很重要，这是企业经营的"阳面"，产品的背后是用户的需求，因此用户思维更重要，这是企业经营的"阴面"。"虚实相生"，看不见的东西比看得见的东西更重要。

"上善若水"，水有始终不变的方向性，永远只朝低水位的方向运动。企业也应该遵循水的哲学，虽万折但始终不忘记目标是什么（德鲁克总结为"创造顾客"）。"大道至简"，最基本的原理和规律，是极其简单的，用户需求导向，就是企业的大道。

-58-

创业初心是企业的原点与灯塔

马云："创业、做企业，其实很简单，就是要有一个强烈的欲望。就是说：我想做什么事情？我想改变什么事情？当你想清楚之后，你要永远坚持这一点。"

"在创业的过程中，四五年以内，我相信任何一家创业公司都会面临很多的抉择和机会，在每个抉择和机会的过程中，你是不是还是像第一天，像自己初恋那样记住自己的第一次的梦想，这至关重要。在原则面前能不能坚持，在诱惑面前能不能坚持原则，在压力面前能不能坚持原则。最后想清楚想干什么、该干什么以后，再给自己说我能干多久，我想干多久，这件事情该干多久就干多久。"

"道生一，一生二，二生三，三生万物"，"一"是万物的原点，创业的初心就是企业的"一"，就是企业的原点，就是创业路上的灯塔。

-59-

阳中有阴：阳光灿烂时修屋顶

阳光灿烂时修屋顶

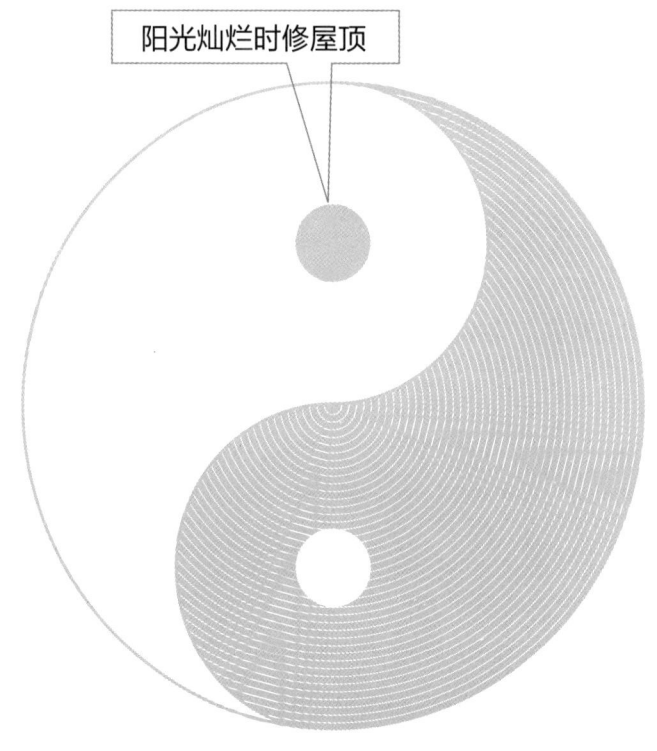

　　2008年金融危机期间，马云会见日本经营之神稻盛和夫时说："企业家很重要的是远见，看到别人没看见的东西。前几年我花最大的时间就是在考虑什么东西会打垮我的公司，而不是什么东西会让我的公司成长。只要不被打倒你就有机会成长。经济好的时候我一定开始融资……我永远坚信公司里要放下足够的现金。不管别人怎么笑我，我还是把现金放在那儿。我有一个原则叫阳光灿烂底下修屋顶，不能下雨天去修。"

　　太极图阴阳思维，不仅是"有阴必有阳，有阳必有阴"，还包括"阴中有阳，阳中有阴"（黑鱼之中有白圆，白鱼之中有黑圆）。"阳光灿烂时修屋顶"，就是意识到大好形势之中，必然有着潜在危机，必须居安思危，必须未雨绸缪。

-60-

阳中有阴: 经济好, 企业往往犯大错

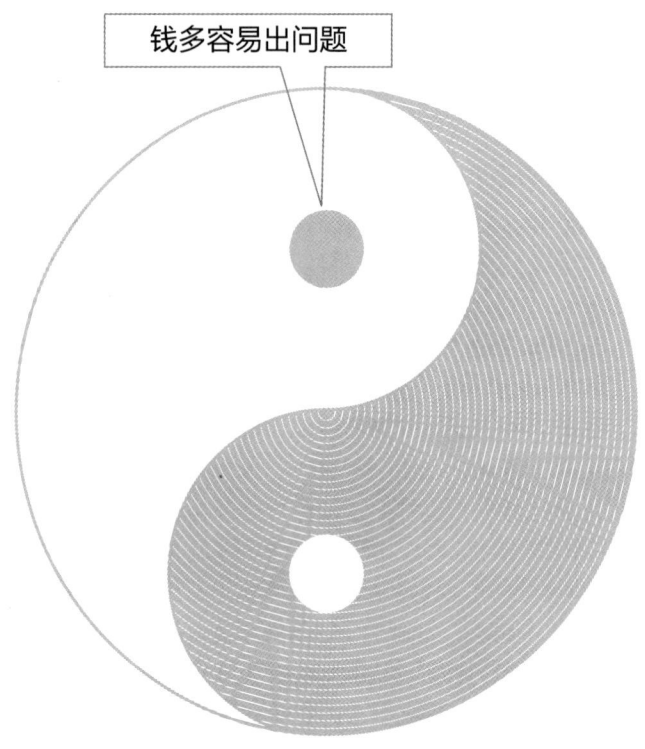

钱多容易出问题

马云："道家黑白相融，黑不一定是坏的，白也不一定是好的。"

"以前阿里巴巴非常困难的时候，我就鼓励我自己，我和我的同事讲，马路上没有车的时候只有两种方案，你有能力就跑得快点儿，没有能力就停下来修车。马路上车很多的时候，你就要非常小心。换句话说，经济形势非常好的时候，很容易出事情，企业出问题都是因为钱多出了问题，经济形势好的时候，是出大错的时候。"

马云所说的"钱多容易出问题"，有很多企业案例可以证明。企业在资金充裕时，管理层很容易大手大脚花钱：一方面管理费用迅速上升，飞机要坐头等舱、酒店必须五星级、豪车一买好几辆，一旦不景气，就发现"由俭入奢易，由奢入俭难"；另一方面是轻率投资，只要听起来是个好项目就大手笔入股，往往用不了多久就一地鸡毛。总之，不少企业在钱很多的时候，管理能力和投资能力进入了衰退期，这也是"阳中有阴"的典型案例。

-61-

阴中有阳: 经济寒冬中看到希望

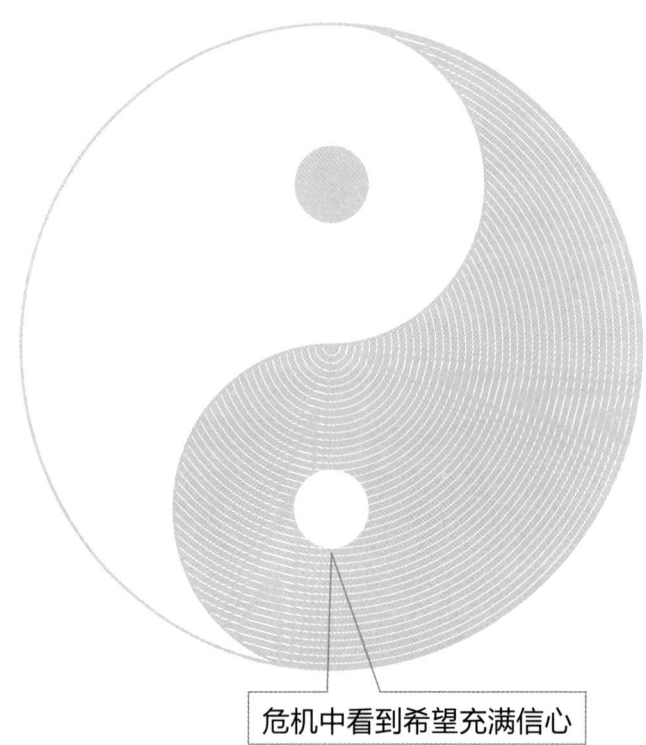

危机中看到希望充满信心

2009年马云考察完美国之后说："十年以前，美国硅谷每天晚上灯火通明，很多技术人员挑灯夜战，很多技术人员告诉你我们的技术冲击着世界，我们发现礼拜六、礼拜天很多大楼里面都是人，根本找不到停车位，看到的是硅谷的激情和梦想。我们回到中国的时候也希望在中国建立这样的美国梦想，我们希望在中国未来十年发展中也能创造这样的公司。但是十年以后我们回美国发现他们找不到梦想，他们想的是下个月怎么办，有一些非常有名的IT公司的工程师在讲产品的时候不是讲这个产品会影响多少人、帮助多少人，他告诉你这个产品能赚多少钱。如果连一个公司的工程师都在告诉你赚多少钱的时候，你就知道问题出在哪里。看了以后我们更有信心，假如冬天的时候你失去信心、失去梦想、失去对未来的憧憬这家公司就像死人一样，我可以告诉大家有几家公司一定不会在21世纪存在了，即使存在也像行尸走肉一样，他们没有对未来的展望。我想告诉大家，阿里巴巴这十几天的考察，回来以后我们对中国的信心、对自己的信心、对未来的信心越来越大。"

近十年的事实证明马云看好阿里、看好中国经济的发展壮大是对的。越是危机时刻，越要强调信心，强调希望与梦想，撸起袖子加油干，这是阴阳思维中的"阴中有阳"，是所有企业领导人、部门负责人、家庭当家人的必备思维。

-62-

阴阳转化：在经济周期变换中抓住先机

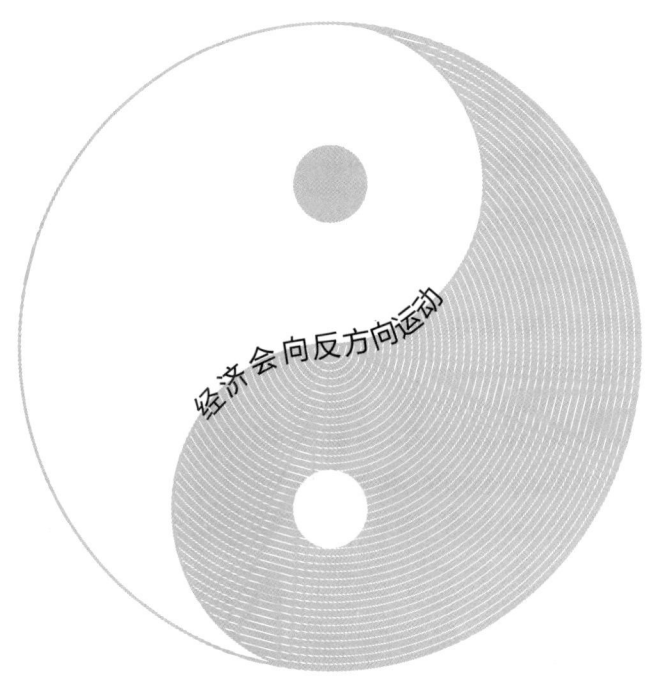

　　马云："在经济好的时候，赚钱的企业不叫企业家，就像股市牛市的时候，你赚到了钱别把自己叫投资者，你只是炒股而已。大浪褪尽，依旧在那儿的，那才叫企业家。能够对未来做判断，在经济好的时候，你要做经济不好的准备，并且知道经济一定会不好，要把握好机遇。在经济不好的时候，有不同的眼光看待未来，有不同的视角看待未来。"

　　阴阳思维包含着"阴阳转化"的理念，正所谓"物极必反"。经济学家研究发现，经济是有周期性的，繁荣、衰退、萧条和复苏四个阶段会循环往复。我们要在繁荣兴旺时看到将要到来的衰退，而在经济谷底时也不要过于悲观失望。

　　2012年时，很多人对未来的衰退毫无准备，不少企业因此破产；2019年，很多人对经济和股市过于悲观，不知道离复苏只有一步之遥，从而错失良机。

　　"《易》曰：'君子见几而作［时机化］，不俟终日。'又曰：'知几，其神乎！'"君子一旦感到了这个几，马上就要去做，一天也不等。经济的周期波动以后还会多次出现，希望下一次大家能"见机行事"，引领潮流。

二、儒家中庸思维：平衡决策

马云当老师时每次讲课都会出一个命题，让同学们选正方或反方的观点，剩下"无理"的那一方观点由他一个人坚持着，与所有同学展开辩论。尽管学生中也有口才不错的，但马云总是获胜方，因为阴阳思维总能让他发掘出事物反面的真理。

既然一件事从正面看有道理，从反面看也有道理，该怎么做出管理决策呢？老话说"以正治国"，"正"就是"中正"、"中庸"，所谓中庸之道就是阴阳之间的那条曲线，就是兼顾正反两方的合理之处，找到平衡点，《论语》最能体现这个思维特色。

马云认为："中国文化中最好的就是中庸之道，有人以为中庸就是一张纸中间撕破一半，如果这么简单的话就不是道了。何为中庸，这个'中'我理解是一个动词，是中，打中的中。庸，查《康熙字典》是最恰当的时刻和位置，黑白交集之点。""企业运营到一定程度上，读书读到一定程度上，学的都是哲学,怀疑、不怀疑，用、不用，这个度的把握。高手和低手之间的区别就在于度的把握。"分寸、尺度的恰当把握，就是中庸。

-63-
CEO时而当乌鸦，时而做喜鹊

CEO同时看机会与灾难

马云："我觉得做CEO主要是两件事，一是看未来的机会，二是看未来的灾难。绝大部分的老板如果看不到未来的机会是没办法激励你的员工，另外一个职责是看到未来有什么灾难和麻烦。如果你能知道社会一定会出这样的麻烦，并且你提前做好准备，就会很成功。"

"所以我自己觉得，作为CEO有两个职责，全体员工以及所有的人都开始提心吊胆，对未来没有信心的时候，你必须看到希望所在。所有的人都在畅想未来的时候，你必须看到灾难所在，任何一个灾难和麻烦，都有可能是巨大的机会。"

马云的话很好地体现了领导者的必备素质：首先，领导者要同时看机会与灾难，不可偏废，这是中庸思维；其次，在员工灰心丧气时，领导者要强调希望，在员工志得意满时，领导者要强调危机，这是阴阳思维，反其道而行之。马云认为，CEO的角色其实就是"首席教育官"，阴阳思维是其重要的教育方法论。

-64-

管理者抬头望天，埋头做事

重视宏观，做好微观

马云："我觉得全国能做得好的企业家跟我们浙商一样，都对问题看得深度、广度、角度不一样。我们要了解宏观经济，特别是对整个金融、制造业市场的判断。"

但半年后马云又表示："很多企业家动不动就是体制改革、中美贸易，其实跟他没什么关系。但是我们总把自己企业做得不好怪罪于宏观经济，总把自己的企业没运营好怪罪于是别人的问题，是竞争的问题，是市场的问题，是宏观调控的问题，是去杠杆的问题。大道理谁都懂，其实企业家还得回到本身，想想自己的小道理。""2019年在很困难的情况下，每个企业关注一下自己的客户，关注一下自己产品、技术是否要升级，自己的组织是否要升级，自己的投资方向是否要进行调整。"

马云经常是针对当时的主要问题来点化人的，所以不同时期侧重点不一样。当企业家不注意抬头看路时，他提醒大家看问题要有广度，要注意经济金融大趋势。当企业家纷纷抱怨大环境不好时，他又提醒大家要想想自己的小道理，强化自身的经营管理能力。马云认为，"战略能力是对未来的判断力，战役能力就是组织能力，组织能力的本身就要靠文化，而战术能力是员工的执行力，要靠制度"。

总的来说，企业家既要懂宏观（经济），又要懂中观（行业），也得懂微观（企业），所以优秀企业家必然是学习力很强的人。

-65-

战略顺势而为，文化百年不易

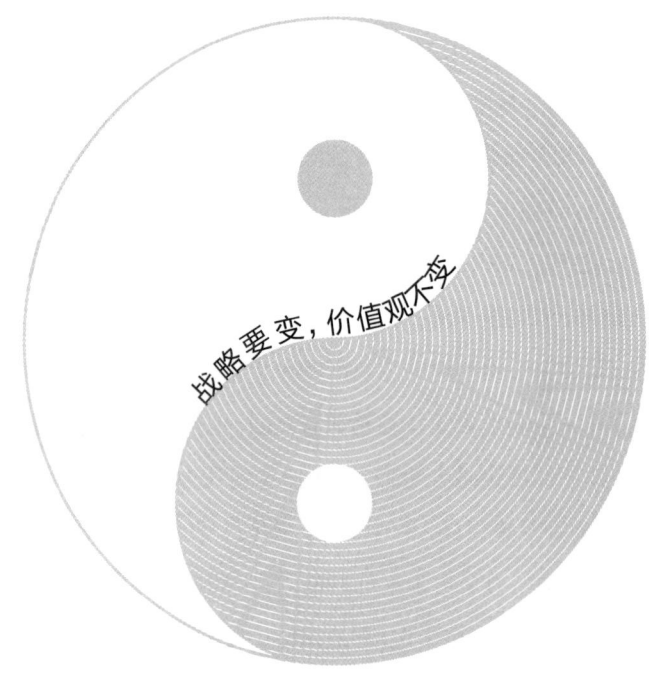

战略要变，价值观不变

马云："对阿里巴巴来讲，未来30年看清楚，未来10年、20年、30年，这个社会碰到的最大的问题是什么。如果10年、20年以后一定会有那样的问题，那么你今天开始做，坚定不移这个方向，那时问题出来的时候，你能解决这些问题，这就是未来的战略。"

"我们要做102年，这不是一个口号。我每天都在想，北京也好，全世界也好，人家的百年公司最重要的基因是什么？我们还要走94年，电子商务才做了20年，如果我们做20年的话，光靠B2B不行，我们加上淘宝、支付宝，整个大局合起来，整个产业链打通，才有可能走20年、30年。30年以后可能是一个新的行业，我们有可能进入生物科技，有可能进入月球探索，那个时候我肯定不是CEO，也不知道下一个CEO会把阿里带到哪里去。"

"但是文化、企业价值观不变。30年以后，我想我们这些人死掉的可能性不太大，30年、40年以后的CEO还是要听我们的、听我们的文化、价值观。我们等于是长老院里面的人，我们还是要决定我们认为对的事情。"

一个组织要平衡好"变易"（变化）与"不易"（不变）的关系，马云强调战略要随时代的变化而变，而文化价值观则要长期坚持。例如改革开放以来，中国共产党的战略经历了"以经济建设为中心""科学发展观""四个全面、五位一体"等变化，但"群众路线""实事求是""统一战线"等文化价值观则是长期不变的。

-66-

全球化: 入乡随俗与文化整合

全球化 要平衡好变与不变

马云："老外加入我们的公司要不要走价值观体系？我认为Yes。我并不觉得世界上任何地方做生意可以不讲诚信，可以不敬业，可以不激情，可以不团队合作，可以不客户第一，在六大价值观里面有五大价值观是所有做企业必须Follow的原则。只有一条阿里巴巴独特，就是拥抱变化，有人说拥抱变化是为老板们犯错误找借口，Yes，老板也会犯错误，如果你不想给老板借口找，自己也千万别当老板，因为做完美先生不可能。"

"今天阿里巴巴国际化很难，因为我们是一家本土的公司，即使在本土认同我们文化、价值体系和组织体系原则的人还是很少。我们想做到全中国都很累，也许我们十年以后成功了，很多人就会来学习、了解我们，那时候沟通就方便一点。"

"全球化，它是一个手段，它不是目的，最后你的价值体系，你的服务还是一样。即使我们外国同事到了公司，我们还是要问他这些问题，你认不认同六大价值观，假如Yes，我们一起努力；如果你不认同，That's ok，我就不相信全世界七十几亿人找不到认同的。"

在全球化进程中，变与不变的平衡要把握好：在经营手段上要入乡随俗，这是要变的一面；同时在文化价值观上不能变，不然组织做事的准则就无法统一，马云认为，"价值观就是高速公路上的红绿灯和黄线白线"。

张维为教授介绍了两个很有意思的案例："美国模式类似于苹果手机，由别人来适应；而中国企业每到一个国家，它会学习当地的风俗习惯，来设计适应当地的产品。比方印度，印度文盲比较多，语言特别复杂，就可以开发表情包，一旦成功，就可以增加销售量。非洲人喜欢跳舞，那么手机放的音乐，音量要大，它的销量就增加。这就是中国企业的入乡随俗，因地制宜，而不是用一个统一的模式。实际上，这背后就是两种不同的文化，不同的理念。"

-67-
做西游团队：文化一致，能力互补

平衡组织的一致性与差异化

　　马云在讲团队管理时，不止一次用唐僧团队来做比喻：

　　"我们认为世界上最好的团队是唐僧团队。唐僧是领导，也是最无为的一个，唐僧迂腐得只知道"获取真经"才是最后的目的，孙悟空脾气暴躁却有通天的本领，猪八戒好吃懒做但情趣多多，沙和尚平凡中庸但是任劳任怨地挑着担子，这样的团队无疑比'一个唐僧三个孙悟空'的团队更能够精诚合作、同舟共济。"

　　"这就是团队的精神，有了猪八戒才有了乐趣，有了沙和尚就有人挑担子，少了谁也不可以，他们互补，相互支撑，关键时也会吵架，但价值观不变。阿里巴巴就是这样的团队，在互联网进入低潮的时候，所有的人都往外跑，但我们的流失率是最低的。"

　　团队必须有一致性，那就是企业文化（使命、愿景、价值观）的高度一致，同时团队还要有差异化，能力百花齐放，方能优势互补，这样更有利于实现目标和愿景。

-68-

抓住战略机遇，不忘组织建设

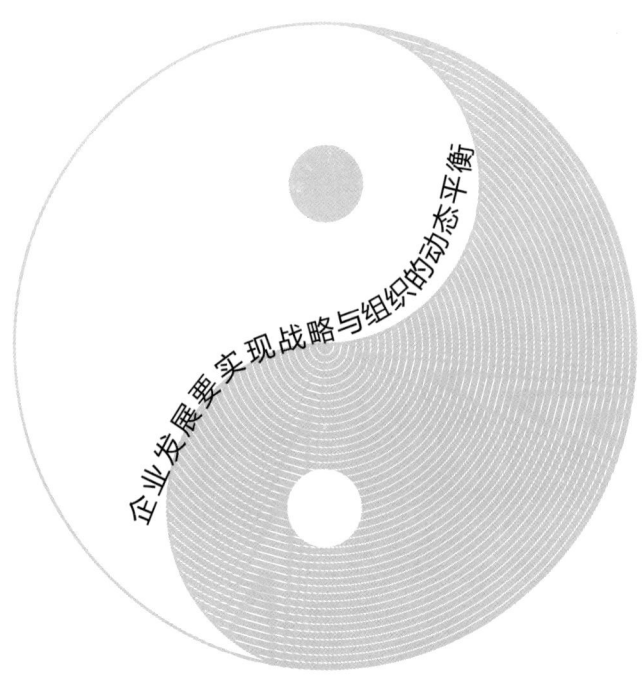

企业发展要实现战略与组织的动态平衡

马云："企业做得慢一点，不是坏事。我们做得慢一点，做得好一点，做得舒服一点，做得开心一点。这样你才能走得远。我们每个企业都在讲，做强做大，但做强做大，有个基本要素，有个必要条件，就是把企业做好。做好，是做强和做大之间必须要跨过的。你企业做好了吗？你抓住了一次机会，这三五年内可能发展很快，但没有把自己整一整、理一理，把自己的人才、组织理一理，把资金和投资理念理一理。""很多企业家没有花时间培训员工、提升员工的能力。员工强大了，你企业才会强大。"

战略对头、抓住一个风口，一家企业很快就能风生水起，估值几十亿甚至几百亿，这样的例子已经有很多。但是，"眼见他起高楼，眼见他宴宾客，眼见他楼塌了"这样的悲剧我们也见得不少，马云所说的组织建设、人才培养没跟上是关键。

阿里巴巴经过十多年的发展，总结出了适合自己的发展节奏："逢单出击，逢双修养。"当企业快速膨胀之后，要有沉淀下来消化吸收的过程。

-69-
一切世间法都不圆满：组织有利有弊

平衡组织的威力与效率

　　马云："大家要相信，组织的好处是巨大的威力；组织的坏处是效率低、官僚，有些地方协同资源浪费。但你要选择组织，这个病是改不了的，你这个人生下来一定要死的，死亡这个病谁都治不了，这就是组织，你要承认它。其中30%、40%是改不了的，还有30%、40%是可以完善的，还有20%是当即可以clean掉的。"

　　因为一个人的能力不足以完成一个目标，所以才需要形成组织，"团结就是力量"。但有一利必有一弊，人多了，管理成本就大了，上下层的信息传达、组织成员的监督，都会形成巨大消耗。我们能做的，是尽量减少消耗，例如减少一两个层级；但不能期望没有消耗，例如彻底取消层级，董事长直接对接几千个员工——这意味着组织的解体。

　　马云还谈到了组织管理的松紧度问题，基本原则还是刚柔相济、中庸之道。"组织不能过硬，组织非常刚硬就是黑社会，肯定会被扫荡出界的；组织太松散，这哪像一个组织嘛？"

-70-

公司既要理想主义，又要现实主义

平衡理想主义与现实主义

2018年马云对浙商提出"三个主义"的要求：

1.公司一定要有理想主义色彩，你为什么而生产？你不是为钱，你不仅仅是为利益，必须要有坚强的、坚定的理想主义。

2.现实主义。你必须要活好今天，该斩首的斩首，该断臂的断臂，该活下来的活下来，该收缩的收缩，该发展的发展。

3.乐观主义。再大的困难，今天不是最困难的。

"你这一辈子就是修炼自己内心的平静，如果看见经济形势不好了，你就急，经济形势好了，你就疯狂，你根本没修炼好，浙商就是修炼。外练一层皮，内练一口气。要修炼，好跟我也没关系，不好也没关系，踏踏实实一步一步往前走，这是我们做企业的境界。"

悲观主义者不适合做企业，以乐观主义打底，平衡好理想主义与现实主义，平心静气，踏踏实实一步一步往前走，这就是有修为的企业家。

-71-

制度重要还是人重要？两个都重要

马云说，他在公司里会花很多时间去考虑组织建设的问题。"如果人没有，靠组织补，如果组织没有，靠人补，制度重要还是人重要，两个都重要。"

组织建设涉及很多问题，关键点是如何激发人的积极性、调动人的潜能，这就需要设计好组织架构和权责利机制。例如当一个公司有不同业务或产品线时，往往会采取事业部制，不同事业部负责不同的业务或产品线，这样责任清清楚楚，该奖励多少也清清楚楚。如果豆浆机业务和空调业务是同一个事业部负责，豆浆机业务很可能发展不起来，因为相比空调，豆浆机价格太低，人们提不起兴趣去做。

组织制度搞好了，人才的引进和培养工作依然很重要。例如在同样的权责利机制下，不同事业部的收入和利润增速有着巨大差别，关键就在于事业部的领头人水平不同，"人才兴企"是大实话。

"制度重要还是人重要，两个都重要"，这句很中庸的话是马云的经验之谈。

-72-

创业者的重点是人不是钱

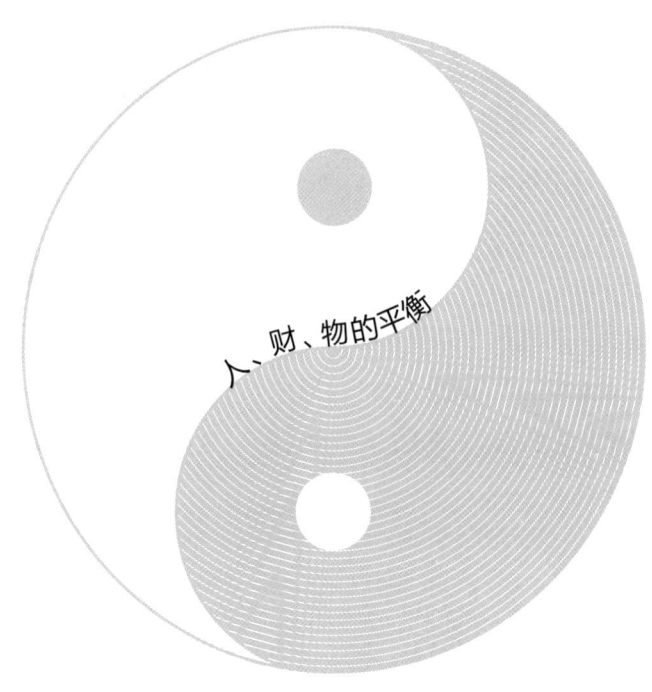

人、财、物的平衡

马云曾点评创业者："她犯了一个错误，上来以后就去做财务，她觉得她有销售技能，她管好财务基本就解决了一大半问题。但CEO最重要的任务就是制定战略，制定战略有两个核心的东西，一个是人，一个是财，人是最关键的。"

"在整个创业过程中团队最重要，有了团队就可能管好钱、规划好产品，而她只抓住了钱，财聚人散，问题就大了。所以CEO的艺术就在于人、财、物三者之间寻求平衡。"

马云一方面强调创业过程中团队建设最重要，一方面又说CEO的艺术在于人、财、物三者之间寻求平衡。这表明管理的平衡之道不是一半对一半，在很多时候，四六开、三七开，甚至一九开才是正确的平衡点。

正因如此，阴阳之间的中庸之道是条曲线，而不是在中间画一条直线。

-73-

重点是管人还是管事？因时而异

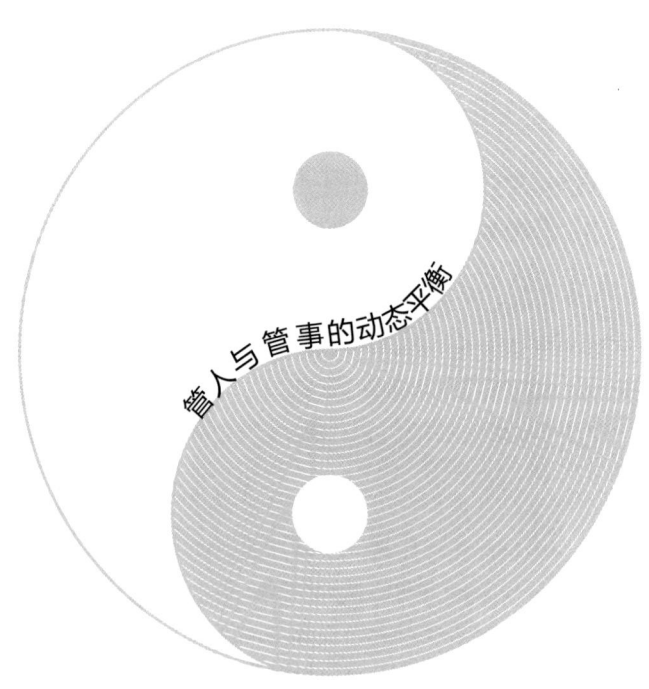

管人与管事的动态平衡

马云："管人与管事，最早的路径是管人，我们18个同事在一起创业的时候，他们的喜怒哀乐我都管。我希望每个人关心自己，自己稳当以后，你才能关心人，逐渐从人到事。我现在又回到人，比如聊聊彭蕾她老公的问题、女儿的问题；跟老陆说说他的球打没打好，挺开心。"

"他们帮我解决什么问题？员工开心的问题，客户满意的问题，这是他们要解决的，不是我要解决的。"

"你要想处理人，一定要学会处理事；你要会处理事，你一定要懂得人，这两个不矛盾，只是什么时候用而已。"

关于管人还是管事，在不同的阶段、不同的职位有各自的侧重点，中庸不是平均用力，而是在不同情境中找到侧重点来发力。

-74-

刚性的考核制度+温暖的人情关怀

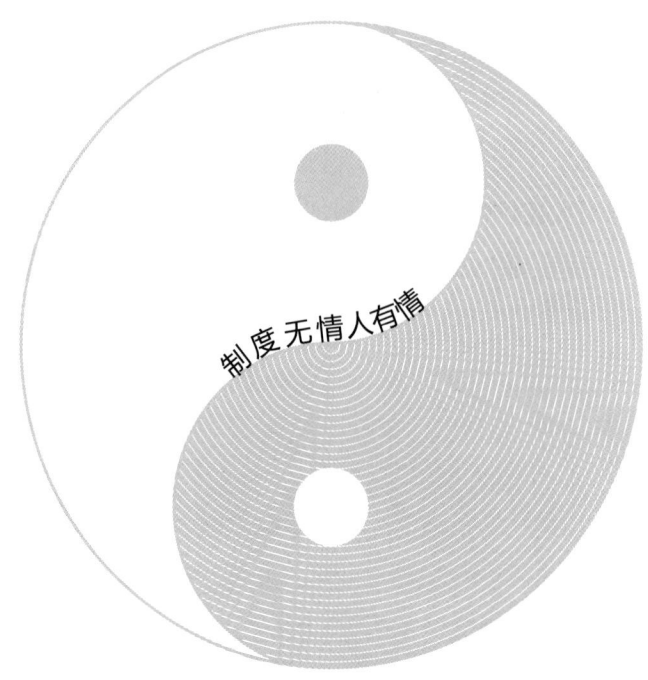

制度无情人有情

马云："战略还是要有KPI，KPI所有人都讨厌，但是没有KPI是不行的，必须要设定KPI，一个KPI设置好的人，才是真正的领导者。"

2014年阿里巴巴召开了一次离职员工见面会："回来看看吧，像过去一样聊聊。让我们一起与马总、老陆、Lucy分享彼此的时光，和那些最初的梦想。"

马云把离职员工比作"敌前、敌后的5万外援"。

"阿里的工号是保留的，每个工作过的员工都有自己的工号，哪怕只工作过一天。我一直相信，会有这么一天，外面的阿里人比公司里的多。"马云表示："阿里和阿里人谁都不欠谁的，大家有缘分，在座肯定有一些人离开时是难过、郁闷的，因为阿里带给你理想、快乐，也会有沮丧。"

不少大企业家能很好地平衡感性与理性。在制度与考核层面，必须理性，能者上庸者下，没有通融余地，一旦可以讲人情，那么制度就形同虚设，企业就没有战斗力。同时在人际关系上，大企业家往往又是蛮有人情味的，马云的离职员工见面会是个典型例子，还有的企业家每年会答谢高管家属的支持。

-75-

为使命打工，以愿景激励

制度惩恶，文化扬善

"大道至简"，最基本的原理和规律，是极其简单的。

例如马云总结道："制度只让你的员工不去干些坏事情，而文化可以激发员工的创新能力。"

"我最怕阿里巴巴的人进来是为马云打工，那是很累的。我们共同确定为什么要有这家公司。所有的人围绕这个使命去打工，我也一样。"

"我去看一家公司的时候，无论创始人讲得多好，我比较关心的是，他身边的人到底相不相信他讲的东西。阿里巴巴的使命是'让天下没有难做的生意'。这个使命听起来好像很宏大，但是你真正相信，才会有人也相信。老板不相信，那下面基本上就会垮掉了。"

"使命，在公司生死攸关、重大利益抉择面前会发生作用。平时没有用的，平时是忽悠人的。使命不是写在墙上给别人看的，是你骨子里面的。使命不论公司大小。"

"接下来大家关心的是，这个公司会发展成什么样子呢？我有什么好处呢？不听愿景加入你们公司的人，尽量少招聘。如果他没问，老板你这个公司搞下去会变成什么样子呢？他只关心下个月工资发多少。那你的员工都找错了。"

"使命可能听着觉得是空头支票，但是愿景，是要有阶段性的，十年、二十年会怎么样。愿景不是说我明年业绩涨个20%大概差不多了，这不是愿景，这是目标。我们在西方的公司会经常问这个问题，二十年后你的公司到底怎么样啊？"

企业文化包括使命、愿景、价值观，把文化做扎实，有助于激发公司成员创新创业的热情，这是物质激励之外的精神激励。

-76-

遵从社会潮流，产品与众不同

把握好顺势而为和与众不同

马云："一个企业能否做得好，一个企业的组织是不是设置得好，要什么样的人才，做什么样的产品，这个产品与众不同，关键在于你这个公司的思想跟别人不一样。所以，我觉得浙商了不起，因为我们看得远，我们看得各自不同。正因为每个人的角度不一样，看问题的深度不一样、角度不一样、广度不一样，使得企业才会做得特别有味道。"

"不管再不一样，有些东西是未来社会的趋势，利他主义、可持续发展、绿色、普惠，这些是未来30年你想活下来必须要运用的基本手段，联合国在推，各国国家都在推，全国老百姓希望，让大家受益，不是（只有）你受益。"

企业参与市场竞争有几个基本战略：专一化、差异化、总成本最低。因此马云强调要有与众不同的思考，"一个企业家要把自己企业的产品、服务，打造成艺术品，无人可以复制，无人可以超越，只有这样才能走得久，才能走得远"。但面对政治经济大环境，是要顺势而为的，不能逆天而行，须知胳膊拧不过大腿。哪些领域要不一样，哪些领域得一样，企业家务必分清楚。作为个人，也存在平衡好发挥个性与遵循公序良俗的课题。

-77-
没有人可以不放弃就能得到

战略要平衡舍与得

　　想创业的人往往不知道如何起步。马云告诉创业者，"一定要想清楚三个问题"：一、你有什么；二、你要什么；三、你能放弃什么。即：你有什么，是评价自己现状；要什么，是明确自己目标；最难的是，自己不知道或不敢放弃什么！这点恰恰能决定自己想要实现的目标是否能实现，没有人可以不放弃就能得到。

　　为什么"没有人可以不放弃就能得到"，因为创业公司资源有限，如果还四面出击，那就注定什么都做不到第一流、前途暗淡。明确想要什么与放弃什么，是相辅相成的。

　　任正非也强调过专注的道理：我们公司是投资有限、技术有限……样样都有限，如果我们做一个很宽的面，一定不可能成功。我们就像"针"一样，盯死一个地方，针是可以戳进去的。用了这个压强原则，我们把它比喻成攻克一个"城墙口"，几百人冲锋对准这个"城墙口"，几千人冲锋对准这个"城墙口"，几万人、十几万人还是对准这个"城墙口"冲锋，每年炸这个"城墙口"的"弹药量"已经超过了200亿美元……我们对准这个口"轰炸"，逐渐在一个窄窄的面开始领先西方，这样我们有了市场基础，就有了资金积累；资金积累以后，我们还是不分散，集中对这个"城墙口"进攻，所以我们逐渐在这个窄窄的面上开始领先了市场。

-78-

成功靠情商,不败靠智商

马云认为做企业有三个关键，情商、智商与爱商。

成功靠情商，不败靠智商。"大家想一想所有成功的创业者EQ极高，人性的问题把握得很好。但是你这个公司不倒必须有一批非常聪明，极其保守小心的人，一个优秀的将军不在于冲锋陷阵，而在于撤退的时候你是否把阵布好。还有一个关键点是LQ，爱商，你没有爱商，你哪怕很有钱都不会得到尊重。做企业到一定的程度就是赚钱，有什么用？中国作为世界第二大经济体，如果我们没有对世界有担当，没有这个LQ，有一天我们跟某些国家一样。我觉得LQ和EQ是有差异的，EQ是对人的了解，LQ是你对世界有大爱之心，大爱之心也不是滥爱之心，是有原则，有底线。"

来看马云自己的一个情商案例："员工的离职原因林林总总，只有两点最真实：一是钱没给到位；二是心委屈了。这些归根到底就一条：干得不爽。员工临走时还费尽心思找靠谱的理由，就是为给你留面子，不想说穿你的管理有多烂，他对你已失望透顶。仔细想想，真是人性本善。作为管理者，定要乐于反省。"

"仁、义、礼、智、信"是儒家"五常"，贯穿于中华伦理的发展史。马云强调的情商、智商与爱商，重智也重德，与儒家"五常"殊途同归。

-79-

别人议论纷纷，我自巍然不动

不悲不喜，宁静致远

马云："三四年前，大家都认为阿里巴巴很糟糕，商业模式(business model)不行，技术不行、服务不行、产品不行，还有很多假货，反正看来都不行。我跟同事讲，我们其实比别人想象的要好。"

"今天，所有人都认为阿里巴巴了不起，中国的骄傲、互联网的奇迹，电子商务做得那么好，其实我们远远没有别人想得那么好。我们还是一家很年轻的公司，只有15年、15年的成功并不意味着你未来会成功。"

"我们在做前人没有做过的事情，这些东西让我们很理性看待自己，别人说你好的时候你要知道你没有那么好。别人说你坏的时候，你也要想想其实我们也还可以。我们就是这样不断调整自己心态走到今天。"

创业者经常会收到表扬或批评，往往受影响变得心浮气躁。《孙子兵法》说："胜，不妄喜；败，不遑馁；胸有激雷而面如平湖者，可拜上将军！"修炼定力很重要，做到不骄不躁、不卑不亢、心平气和、宁静致远，始终踏踏实实做好自己的事。

那么该如何修炼定力？王阳明认为："人须在事上磨，方能立得住；方能静亦定、动亦定。"每次遇到毁誉之事，就要提醒自己修炼定力的时候到了，次数多了，定力就增长了。

-80-

钱和权是炸药和雷管，碰上就会炸

亲与清的政商关系

马云："反腐倡廉，这是中国有史以来最大的一次。这是时代的决心，时代的痛。我希望，浙商永远不参与任何行贿，如果我们的会员参与行贿，就清除出去。我希望大家坚持底线，我们可以少做生意。政企关系还是要搞好，但是不干那些事。我们拼真本事，拼的是睡地板，拼的是勤奋，拼的是不断改变自己，拥抱变化。"

马云认为，官和商要"勾而不结"，那就是要多沟通，要理解各自的立场和困难，共同用各自不同的方法去创造价值和解决问题，但绝对不能结合，更不能合作创利创权。"钱和权是炸药和雷管，碰上就会炸。有权不能想有钱，有钱不能想有权。权钱结合获得利益就如同睡在炸药和雷管堆满的床上，你知道结果会如何。"

习近平总书记指出，新型政商关系，概括起来说就是"亲""清"两个字。在中国，政府是深度参与到经济进程中的，所以马云说"政企关系还是要搞好"，同时也要把握好"度"——分寸、尺度，亲近的同时要干净。

-81-

让市场专家领导技术专家

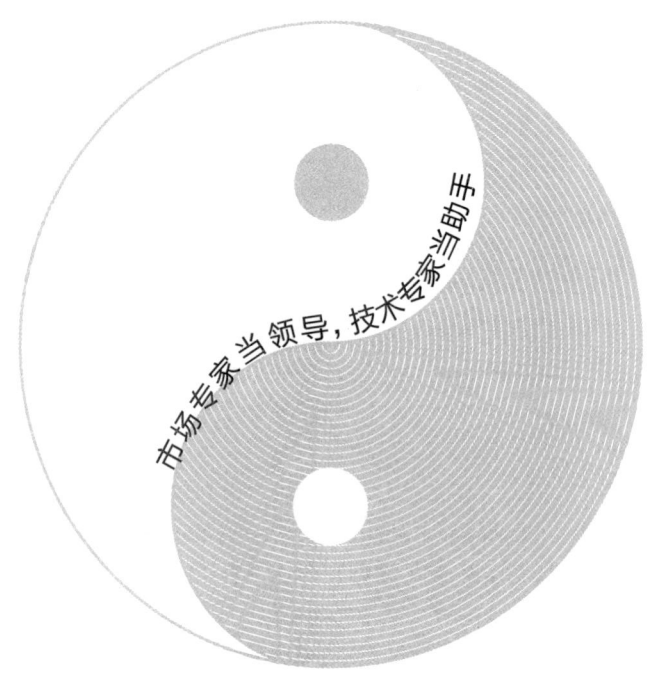

市场专家当领导，技术专家当助手

马云："我们支付宝的总裁和创始人之前根本不知道什么是支付宝，也不知道什么是银行体系，他是销售和客服人员。我跟他说，你到杭州去做支付宝公司吧。支付宝是纯粹的银行体系，为什么请不懂银行的人去做？"

"原因很简单，我需要一个以服务为导向的、了解客户痛处的人。如果请银行的人，银行的游戏规则是这个不能做，那个也不能做，结果什么都不能做。如果请不是银行的人来，就不会出现体系的问题，事情就可以做。只是要严谨一些，他下面的助手可以是银行的。领导者不需要什么都懂，但需要知道请怎样的人，找对人是关键。找专家的话，最好让他当助手，不要让他当领导。"

懂市场很重要，懂技术也很重要，两者缺一不可。组建团队的中庸之道是：因为"客户第一"，要让市场专家当领导，让技术专家当他的助手。

营销学的基本原理是需求导向，每个学科的基本原理都是有无穷应用的，马云就把它运用在团队组建中了，让懂需求的人拍板做决策，这是真正做到了学以致用。

-82-

董事长胡思乱想，管理层卖力苦干

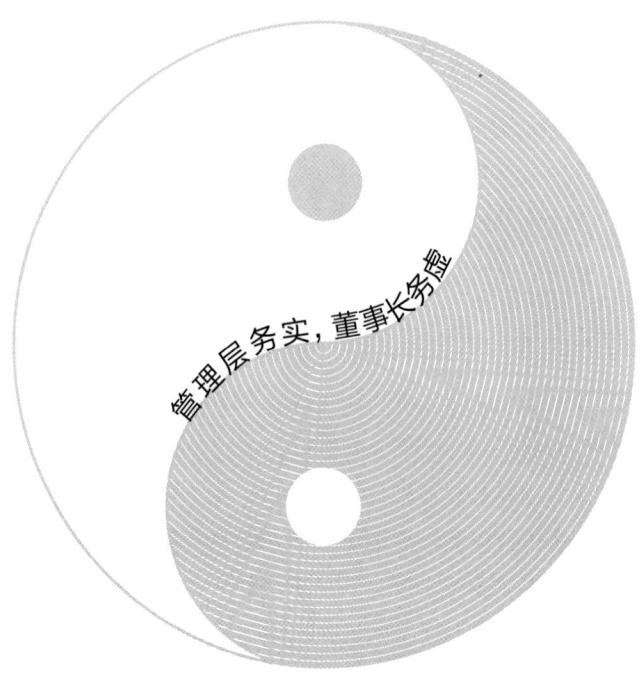

有人问马云："为什么你能有今天，而同样聪明的中国电子商务的先驱王峻涛却还在为创业努力？"

马云说："我在前面说、演讲、做宣传、作势，而我背后，有一帮人在实干，苦哈哈地卖力干，而王峻涛身后没有18'罗汉'。我说过了，有人做；他说过，就说过了，说过了而已。"

中国共产党有开务虚会的传统，1978年举行的国务院务虚会议上最早提出了对外开放；邓小平在1979年初的中共中央理论工作务虚会上，提出了四项基本原则。作为中共的学习者，阿里和华为也有务虚的传统。

公司需要务实，但也要有人务虚，马云就是阿里的务虚大师。"用共同的使命，用价值观做我们认为对的决定。而我的决定越少越好，千万不要让马云做决定，我老了，我自己知道，我跟陆兆禧比、彭蕾比、卫哲比，I'm too old to make decision。""我比这几个人强一点的是，我知道Decision做出来的事情对与不对，我只会看一样东西，有没有违背价值观和使命感，我死死守住这条线。"

华为更是把务虚制度化了。任正非说："我20年主要是务虚，务虚占七成，务实占三成。""我们要有务虚和务实两套领导班子，只有少数高层才是务虚的班子，基层都是务实的，不能务虚。务虚的人干四件事：一是目标，二是措施，三是评议和挑选干部，四是监督控制。务实的人首先要贯彻执行目标，调动利用资源，考核评定干部，将人力资源变成物质财富。"

-83-

西方的管理科学+东方的管理艺术

管理是科学与艺术的结合

马云："我自己觉得，我的管理和领导的方法在中国这个层面算是最好的，只是人家没看见，以为我只会说而已，管理和领导力是我最好的那口。但是管理和领导力背后必须要有思想体系的，没有思想体系的管理和领导力，那纯粹是充数。"

"但在这个里面背后的思想不是我的思想，那就是这些人的思想、我们老祖宗(《道德经》《孙子兵法》)的思想。但我跟别人又不一样，纯粹守在这儿又傻了。我还喜欢西方的，杰克·韦尔奇的我也接受……吹点小牛说，我是把西方的管理理念，西方管理是科学，结合东方的管理理念，东方管理是基于人文的情怀，更像一种艺术。"

"商人在中国乃至全世界都是稀缺资源，我个人坚持认为商人是社会经济发展中的科学家和艺术家"，马云强调管理中科学与艺术的平衡，这与管理学大师明茨伯格的观点相似。

明茨伯格认为，传统MBA课程的弊端在于，它主要是为没有或只有很少管理经验的年轻人创建的，课程过于强调分析策略和理论（也就是管理作为科学的一面），而不注重经验和洞察（管理作为艺术和手艺的一面）。这使毕业生们认为管理学就是应用公式来解决复杂的问题。这不仅败坏了管理学实践，还败坏了商务圈、非营利的社会组织，甚至社会和文化机构。

三、佛家太极思维：提升格局

马云说："我从道家悟出了领导力，从儒家明白了什么叫管理，从佛家学到了人怎么回到平凡。这些思想融会贯通，刚柔相济，就是太极。"2011年，马云与李连杰联合创立了"太极禅"。为太极图定形的理学创始人周敦颐精通佛教思想，太极之中有禅意（佛法）。马云的人生观、事业观深受太极思维的影响。

没有云就没有雨，没有雨树木就无法生长，没有树就没有木浆，也就没有纸张，因此禅师能在一张A4纸上看到一朵云，看到万事万物。每个事物都被无穷无尽的因素所影响（佛法称为"无尽缘起"），如同一滴海水的命运被辽阔的大海所造就。

太极图中包围阴阳鱼的那个圆就是太极，太极就是命运之海（朱熹："合而言之，万物统体一太极也。"），个人和组织再了不起，也只是其中的一颗水滴。彻底认识到自身的渺小，才真正具有格局的宏大。一个人如果希望将来成就一番事业，太极思维将提供巨大助力；一个人如果事业有成，想避免突如其来的大败局，或是想更上一层楼，太极思维必不可少，如马云所说，"做生意到一定程度，多看看佛家书对你是有帮助的"。

-84-

感恩时代: 成功不是因为你多牛

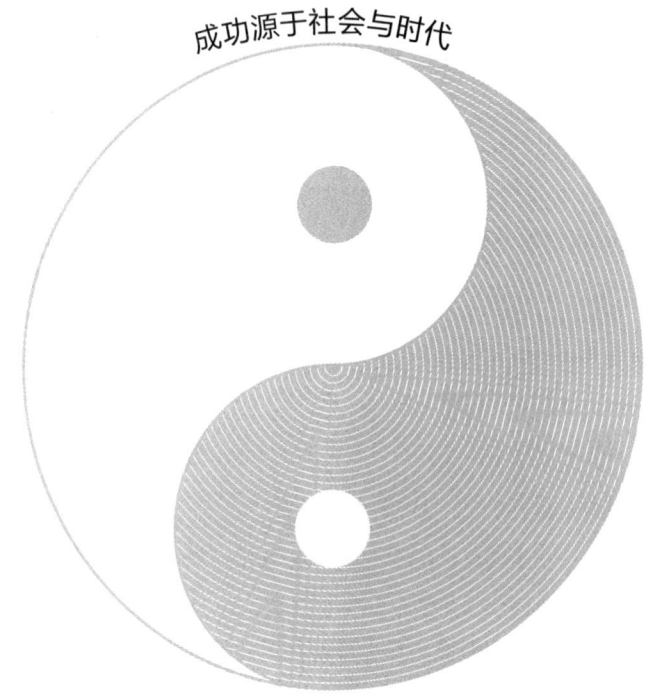

成功源于社会与时代

马云在与客户交流时也说："我也提醒在座所有卖家都必须知道这一点，怎样回归到自己？今天的强大，不是你的软件强大，不是你的服务强大，更不是你的创意强大，你的产品强大，而是互联网的强大、网商的强大、买家的强大，是整个社会这个时代造就了我们现在这样。"

太极思维强调的是任何事物都是被无穷无尽的因素影响的。如果没有中国制造的物美价廉、产能强大，就不会有阿里、淘宝的成功；如果没有几亿中国网民的购买力，淘宝就不可能仅靠国内市场就成长为世界顶级电商；如果没有中国公路、铁路基础设施的完善，就没有物流的高效，就会极大影响淘宝的发展；如果没有移动、联通和电信把网络铺到广大村镇，就没有农村淘宝这个新增长点……因此马云多次感谢时代的伟大力量。

"人家现在把阿里巴巴看得挺神，其实阿里巴巴就是一个很普通的公司。16年以前，我们说出要成为世界十大网站之一，那个时候我们公司排名可能200万名以外，说这句话很狂妄，但是稀里糊涂地居然做到了这个目标。这不是因为我们多厉害，而是我们处在一个很有意思的独特的时代。这不是虚话，我们确实感谢这个国家，感谢整个改革开放，我们确实感谢互联网，感谢所有年轻人。没有这些，阿里巴巴所有的梦想，真是一个空想。"

马云、何享健、曹德旺等著名企业家都感谢改革开放并不是偶然，有了太极思维，他们不会在成功后极度膨胀，自以为"老子天下第一"。谦逊与感恩，能让他们走得更远。

-85-
破我执：以学习遏制自我膨胀

看到人外有人，学习与包容

马云："我是学英文的，我的机会很好，这几年见了很多优秀的人，有高科技领域的比尔·盖茨，有做投资的巴菲特，还有克林顿。我跟他们成了朋友，跟他们沟通交流。第一次见到克林顿的时候，我就想，这哥们儿怎么这么想问题。这么厉害的总统，跟你讲话的时候，眼睛会一直看着你。我们有些处长和局长，跟人讲话的时候，眼睛都是往上看的。他看着你的时候，你会觉得，伟大的人作为平凡人存在的时候才是伟大的。我再能干，在克林顿面前，在领导和治理国家上，我能算什么？所以，我要向他学习。"

"企业要用各种各样的人，而有能力的人往往都有一点古怪，所以领导者胸中要能容纳千军万马，最怕的是跟员工比谁聪明。我现在不跟员工讲电子商务，因为我讲不过他们，他们天天用，淘宝网和支付宝的功能是如何做的，如果我都懂的话，我不是超人就是骗子。作为领导者，你一定要明白，每个领域都有比你更懂的人。我下面的副总裁一定比我聪明，因为他90%的时间都在想如何做市场推广，我要装作比他能干是不可能的。所以，领导者要有包容的胸怀，这说起来容易，做起来很难。"

正如马云所说，"伟大的人作为平凡人存在的时候才是伟大的"，那么一个人把一件事做得很成功之后，如何避免高度膨胀（这是普遍存在的心灵之毒）？首先，"时势造英雄"，要深思自己成功背后的时代与社会之力；然后，把眼界打开，看到还有那么多厉害的人，自己得向他们学习，把胸怀打开，包容和学习优秀的员工。

佛学专破"我执"，教人看清自己，因此对成功者是个解毒剂。

-86-

敬畏心: 新技术的发展将远超想象

忧患意识: 敬畏变化

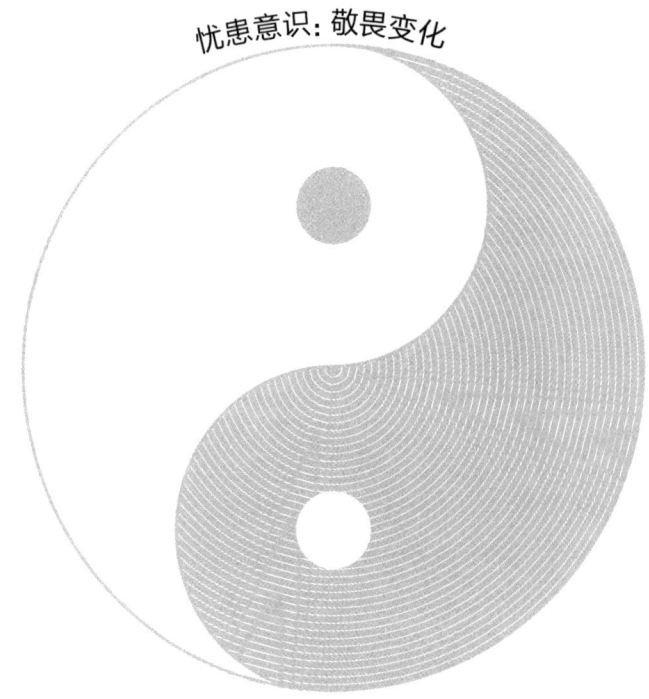

马云："真的创业，那你就要做好准备，根本没有公司稳定了我就可以舒服了这一说，会一直都很艰难。""老大老大，就是'老得很快，麻烦很大'。"

他有很强的忧患意识："你不要觉得那么容易就垄断了，我每天都睡不好，我每天晚上都在担忧，我的公司没有跑得够快，就会被别人所淘汰了，就会在这个竞争当中掉队了。"

许多大企业家都是如此，例如任正非："十年来我天天思考的都是失败，对成功视而不见，也没有什么荣誉感、自豪感，而是危机感。也许是这样才存活了十年。"

"每个事物都被无穷无尽的因素所影响"，大到国际政治、宏观经济、产业政策，小到天气变化、股东心态，都可能改变一家企业的命运。例如智能手机的突然崛起，既打垮了诺基亚手机，也严重影响了相机企业；2018年突然爆发的中美贸易战，让很多中国企业的经营受到重创，也让中国企业股价大跌，双重打击使得一批质押股权进行融资的企业家倾家荡产，一夜回到解放前。因此忧患意识必不可少，时刻关注企业内外部种种变化可能带来的影响。

马云总结道："我们今天讲要对未来有敬畏，对昨天要有感恩，我们感恩是没有中国三十年的平稳发展，就不会有我们的今天。对未来来讲，敬畏之心必须要有，要有对新技术的敬畏，它的发展将远远超过大家的想象。其实没有阿里巴巴，很多传统零售行业也会倒下，只是我们的降生加速了你们的倒下而已。"

-87-

很多企业家死于不懂政策导向

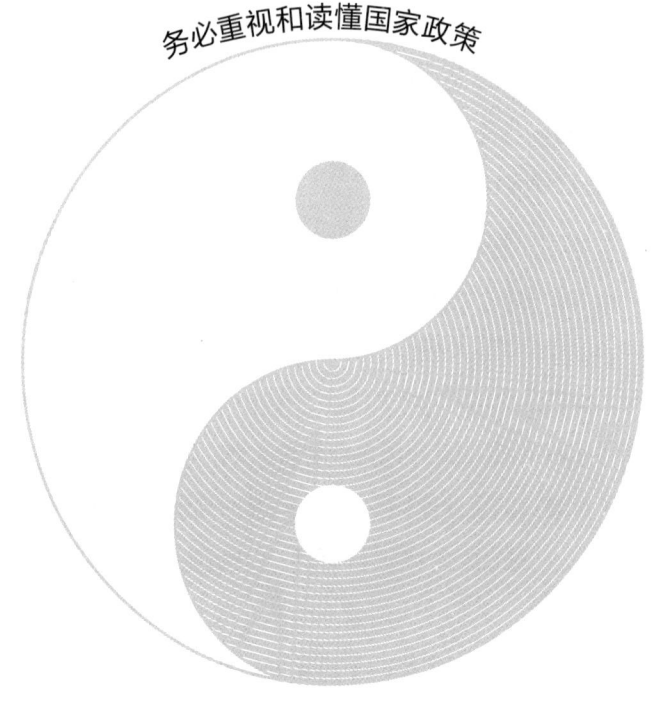

务必重视和读懂国家政策

马云认为："我个人觉得这一轮的经济去杠杆、去产能、去污染，从国家来看，我觉得去得好，必须死掉一批企业。这些企业在最有钱的时候、最有势的时候、位置最好的时候，居然没有去做这样的战略转型，居然没有看到这些问题，在最好的时候没有听懂国家的政策、没有看到未来趋势的灾难性，不改，你说这些企业不死怎么办？我认为死一批企业也挺好的。"

"希望大家认真学习一下我刚才讲的从等政策到懂政策。我不知道在座有多少人认真学过十九大（报告），反正我自己组织公司内部学了五六次，认认真真看。你不对十九大政策认真地看，知道什么叫做发展不平衡性、不充分，什么叫做三大攻坚战，你不去想明白这些东西，三年以后一步一步（政策）大量过来的时候，你就昏倒了。"

中国企业身处"中国特色社会主义市场经济体制"，在这个经济体制中，"使市场在资源配置中起决定性作用"、"更好发挥政府作用"缺一不可，"看不见的手"和"看得见的手"都是关键因素。如果一个企业家不重视国家政策，就说明他在太极思维这个领域是不及格的。

-88-
同体大悲：企业家要有生命意识

人与他人一体，人与自然一体

马云认为："很多人问我什么东西让你睡不着觉，阿里巴巴、淘宝从来没有让我睡不着觉，让我睡不着觉的是我们的水不能喝了，我们的食品不能吃了，我们的孩子不能喝牛奶了，这时候我真睡不着觉了。我们那么努力，其实我很辛苦，当年我很圆润，十年中国创业把我变成了这个样子，但是这个样子并不让我担心，担心的是我们这么辛苦，最后我们所有挣的钱买的是医药费。"

"最近有部电影上面一句话很好，我们的生命不属于我们，我们跟世界上所有的生命息息相关，昨天和现在无论你任何一场善性和恶性，都会决定我们的未来。"

"我们跟世界上所有的生命息息相关"，有太极思维（无尽缘起），就会有人与他人的一体意识；破坏环境，就会受到环境的惩罚，有太极思维，就会有人与环境的一体意识。

佛法讲"同体大悲"，指观一切众生与己身同体，而生起拔苦与乐、平等绝对之悲心。

-89-

往往最有资源的那帮人活不到未来

感知经济脉搏，与时俱进

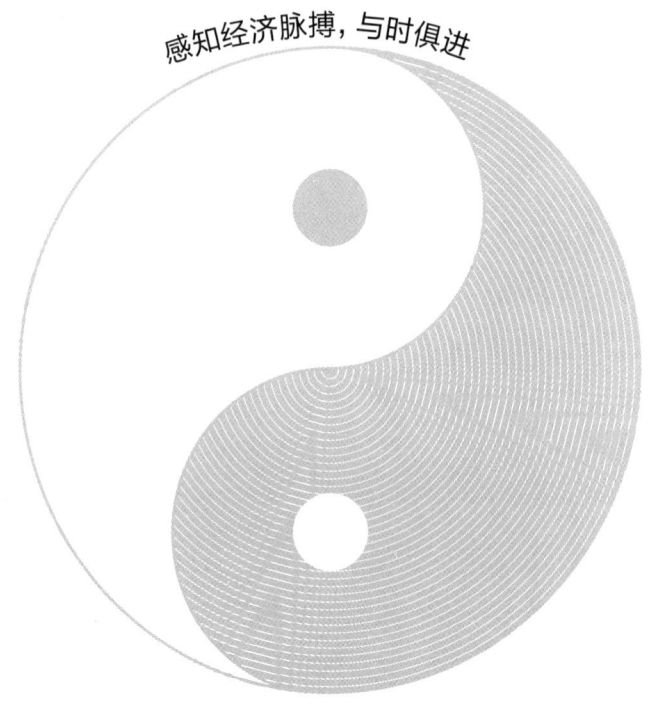

马云认为："未来的30年，这个世界会重新洗牌。30年之前，政策的改变、中国的开放，以及技术、理念、思想、管理重新洗牌了整个经济。未来30年，经济将会重新洗牌。"

"中国未来的15年内，将会有2-3亿的中产阶级、5亿的中等收入人群，还有8万亿美元的进口量，这将意味着重新写贸易游戏规则，制造业会发生很大的变化。"

"我可以很负责任地讲，这儿大概有200人，30年以后，包括我们在内，大概有20家企业还能够参加浙商总会理事会就已经很了不起了。这绝不是危言耸听。你要做好准备的是，如何拿到这20张门票。"

"有一年中国移动召开高层会议，请我去讲。我那天说，中国移动互联网会高速发展，但是一定不是中国移动、中国联通、中国电信，特别不是中国移动，那帮人特生气。我说我们可以打个赌。你们看今天的形势怎么样？往往最有资产、最有资源、最能干的那帮人去不到未来的。所以，我希望大家今天就改变，你改变你痛苦，只有痛才不会苦。你连痛都不行，你苦的日子是非常糟糕的。"

人口结构的变化，科技革命的浪潮，改革开放的深化，无尽的"外缘"都会极大影响中国企业的前途命运，如何在新时代生存与发展，是企业家要持续思考的根本命题。

-90-

不做"帝国"，做"生态系统"

从壮大自身到强大合作方

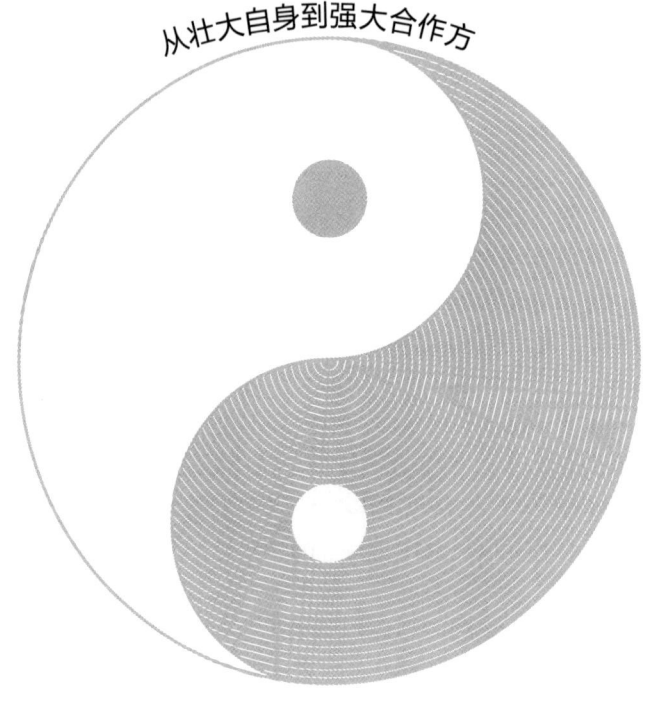

　　马云曾强调："我从未觉得阿里是一个'帝国'，更坚信我们不能做'帝国'。任何一个'帝国'都有毁灭的时候，我们要做的是'生态系统'，因为只有'生态系统'才是基本上可以生生不息的。"

　　那么如何构建"生态系统"呢? 马云认为："从强我变成利他思想，是21世纪，企业必须要有的素质，你要让你的员工比你聪明、比你更了解信息和数据、让你的员工有更强的能力，让你的客户、合作伙伴更强。这个才是这个世纪会诞生的新型的企业，不管你信不信，反正我今天是说了，等到30年以后，你再回头看看。"

　　道家的最高理念是"道法自然"，自然界有最强生命力的不是某个物种，而是生态系统，例如亚马逊雨林可以存在上百万年。马云近年来专注于企业的生态系统建设，这是对"道法自然"理念的运用。

-91-

企业家的公益：取之于民，用之于民

做公益回报社会

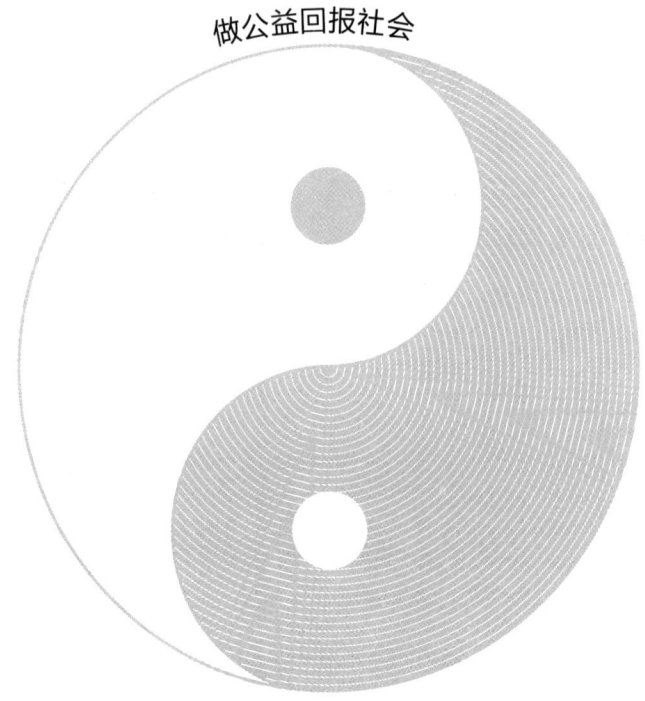

马云："我觉得小企业你可以做到闷声发大财，企业这么大了，真正要发的大财是对社会的担当。如果今天我们这样规模的企业，还依旧在想着下个季度的利润、明年的收入，那么我觉得我们愧对了社会对我们的信任。我们今天所拥有的资源、技术和人才，和全世界对我们的关注，可以改变很多事情，影响很多年轻人，让他们走向真正的致富，解决这个世纪（21世纪）重要的三大难题之一——贫困问题。"

"我从未想过我的财富是仅仅属于我个人的，它属于整个社会。当你有几百万元的时候，你是个富翁；当你有几千万元的时候，这些就是资本；而当你有上亿元财富时，它就成了社会资源了。"

一个人能消耗的生活资料终归是有限的，因此当财富多到一定程度，它确实会变成社会资源：用于投资就成为生产资料；用于社会公益，"取之于民用之于民"，就能改善贫富差距。

2014年，马云和蔡崇信宣布，共同捐出个人持有的、相当于阿里集团总股本2%的股份，成立公益基金，这创造了中国公益捐款的记录。2019年退休后的马云，将把主要精力放在教育和公益领域。

马云认为，公益与慈善不同，慈善以给钱为主，公益需要钱，但是光有钱远远不够。慈善在于给予，而公益在于参与、用心和时间付出点点滴滴的行动。花钱是简单的，但是做出行动不容易。他发起的"蚂蚁森林"是典型的公益行动。

截至2019年世界地球日，蚂蚁森林用户数达5亿，共同在荒漠化地区种下1亿棵真树，种树总面积近140万亩。马云表示："蚂蚁森林希望未来每年种1亿棵树，每年一百万亩，我们共同努力把中国变得更加绿色、更加美好、更加可持续。"

-92-

企业做得多大，在于解决多大的社会问题

办企业就是做公益

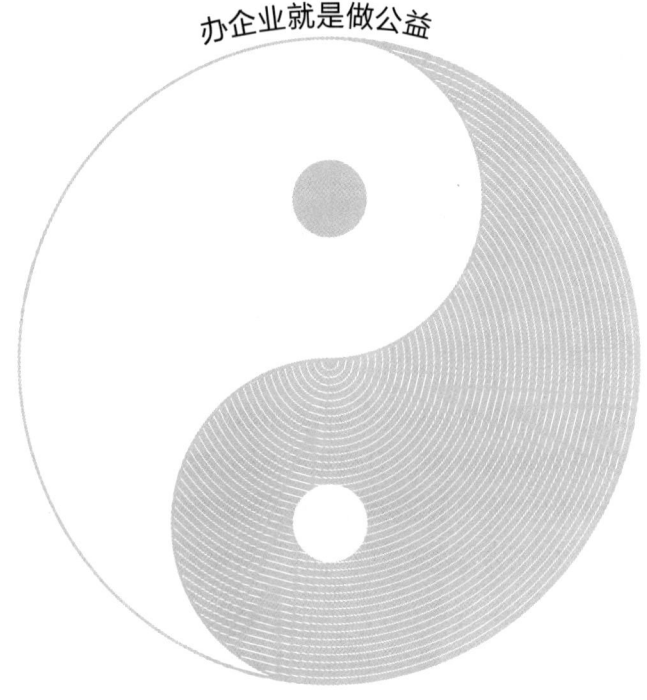

马云认为, 做企业是替天行道, 企业的本质就是做公益: "好的企业就是最大的公益。最终你做得再大, 你能花的钱也有限的, 这些钱还是要花(投资)出去。最终是客户受益, 你的员工受益, 你产业的上下游受益, 创造税收让社会受益。总之你把企业做大了, 就意味着自己有这份责任。商业就是巨大的公益, 如果你自己看不到这一点, 把自己看作土豪, 那人家也就瞧不上你了。"

马云还说, 企业家要有家国情怀: "企业家不同于生意人, 不同于商人, 生意人是有钱就要干, 商人是有所为而有所不为; 企业家却要以家国利益为重, 以未来利益为重, 以社会利益为重。"

中文有着很高超的造字造词艺术, 马云所说的企业的公益性、公共性, 已经体现在"公司"一词中, 公司是"公(共)"的。正如管理学大师德鲁克指出的, 组织是社会的器官, 既然是器官, 就必须发挥正向功能, 不然就没有存在的价值。马云认为一个企业做得多大, 在于企业解决多大的社会问题。"我觉得(阿里)这家公司不因为完善社会、解决社会问题而存在, 这个企业越强大就越危险。"

马云从社会整体看企业存在的意义, 也是太极思维的一种运用。马云认为: "企业做得越大的时候, 就越需要靠佛家的心学来平衡自己。如果你有慈善为怀的心态, 你做事情自然不会一池一城、一利一得, 会慢慢调整。""我觉得上兵伐谋, 作战之前必须要想清楚你的战略是什么, 决战于庙堂之下, 阿里巴巴有几个最重要的决定, 我是到寺庙去开的, 在菩萨下面讲打打杀杀, 讲赚钱, 讲多少利润多庸俗, 想想怎么去帮助别人、超度世界, 帮助更多人, 做事情就会好很多。"

-93-
企业家要修炼宏大"三观"

未来观、全球观、全局观

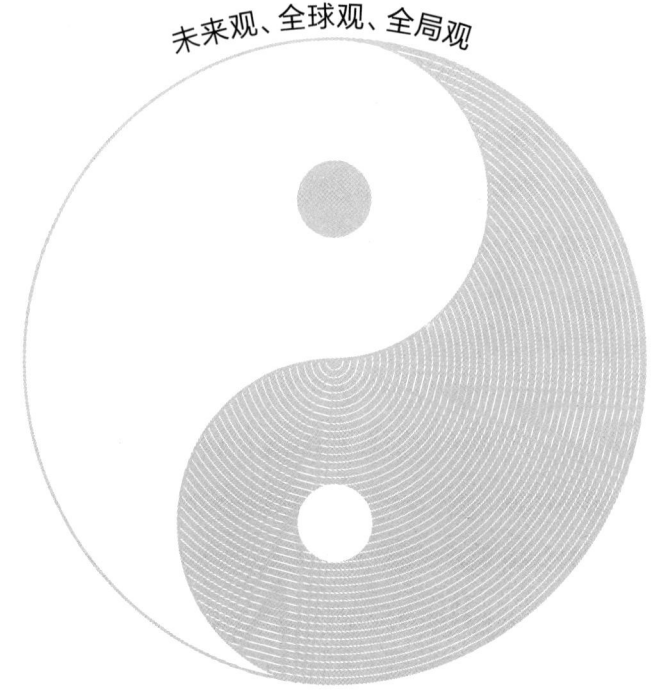

马云认为：

1.老板和所有的高层一定要想明白，要有未来观，从未来看今天。

2.要有全球观，从全球未来看今天。

3.全局观，讲政治是全局观很重要的一部分。

这是公司高层管理必须要有的"三观"。

"未来在移动芯片、移动操作系统方面诞生的操作系统将层出不穷。所以各种各样的人工智能、云计算、大数据，这些东西大家不要把它当概念，我这里提醒大家，你听不懂没关系，但是不要去抵抗它，听不懂唯一的办法把你们公司的年轻人叫过来，如何支持你往前走，更何况这些技术不是要靠大量成本投入下去才能做到的，只要今天相信未来，这样去努力一定会有机会。"

马云强调的新"三观"，是典型的"太极思维"，不局限于当今，要放眼未来；不局限于当地，着眼于全球；不仅琢磨局部，更要思考全局。"我非我"，我是更广大时空的一部分。举个例子，毛泽东在井冈山这个山沟沟里的时候，是从全球和全国视角来思考当下的革命的，因此红军才能在20年后创建新中国。

-94-
普通人改变命运靠"未来观"

穷二代拼的是对未来的判断

马云强调："我父亲是一个很普通的职工，但他对文艺的爱好一直努力，后来做了曲艺家协会主席，我妈更是普通的人。像我们这些年轻人没有有钱有势的父母，没有有关系的舅舅，我们没有昨天的积累，没有今天的资源，唯一要做的事是对未来的判断。"

"而未来的判断至少是十年以后，你认为这个会有这样的问题或者机会，你坚持往这个方向走十年，也许你就会赢得机会。我们不能跟别人拼昨天，也许没办法跟别人拼今天，必须要对未来有一个判断。"

"我对未来30年整个世界的变化会超过大家的想象，未来30年社会矛盾的经历，各行各业都会受到巨大的冲击，对你来看，如果你感到悲哀，它永远是个麻烦，如果你觉得是个机会，它会是你不可多得的机会。"

股神巴菲特说过，投资就是投国运。这句话体现了太极思维，每件事背后都有更宏大的背景。如果巴菲特出生在前苏联而不是美国，结果将是乞丐和股神的差距。

很多人哀叹自己没有后台，其实每个中国人都有个很牛的后台，那就是不断成长的中国。中国在未来还有源源不断的"新钱"，有判断力的平民子弟也可以鱼跃龙门，实现自己的"中国梦"。

四、人人都能运用太极图

　　心学大师王阳明强调知行合一，我们说一个人知道孝悌，是因为他已经做到了孝悌，而不是他会说些孝悌之类的话——做到才是知道。马云有类似的观点："学和习是两回事，我们过度关注学，没有习。"

　　我们学了马云的三大思维，就要在生活和工作中随时随地运用、体悟，因为太极无处不在。本篇将提供几个学以致用的例子，供大家参考。

-95-

房产投资中的太极思维

买房的本质是买地

如果希望房子具有投资价值(保值增值),那买房时就不能只盯着户型、朝向等房子本身的要素,得用太极思维来决策。

李嘉诚说房产投资三要素是"地段、地段、地段"。买房的本质是买地,地段好了,北京破旧的老房也能卖出十几万一平方米的高价。

买地首先是这个国家的地将来值不值钱,例如投资大师罗杰斯认为中国前途无量,那他会对中国的房地产更有投资兴趣。

中国很大,接下来的问题是哪类城市的地将来更值钱。根据美国、日本的国际经验,人口和资源会持续向一二线城市集中,这些城市的房产更容易涨价、更抗跌。

城市里分成很多地段,具有景观、教育、商业、交通资源的地段更有升值潜力,所以要优先考虑江景房、学区房、CBD房、地铁房。

地利之外,买房的天时也很重要,如果看准了这个城市的这个地段很值得投资,又正好赶上调控导致价格下跌,那就该果断出手了。

最后才是考虑房子的朝向、户型,是否过于靠近医院、学校、垃圾焚烧厂等因素。

色即是空(房子不是房子),运用太极思维看到一套房子背后的万事万物(无尽缘起),才能做出更好的投资决策。

-96-

股票投资中的中庸思维

长短结合投资优质股

炒股有很多流派风格，例如很多人炒股喜欢做短线，也有很多人喜欢做长线，双方争执不休，公说公有理婆说婆有理。

如果用中庸思维来炒股，那就是长期围绕少数几个优质企业的股票做短线。

比如十年前有个股民判断，茅台的股价长期来看是上涨的，同时茅台股价短期又是涨涨跌跌上下波动的。他就可以在茅台的股价走低时买入，涨价时卖出，然后在茅台股价再次下跌时买入，再等它上涨时卖出……如此反复操作，这样既能赚股价短期波动的钱，也能赚茅台股价长期上涨的钱，放大赚钱效应。

如果有时买入之后竟然下跌了，也不用恐慌卖出，因为茅台股价还会涨回来。这就是盯住优质公司股票来炒股的好处，能赚钱的同时还有很好的安全性。

-97-

尽孝时的中庸思维

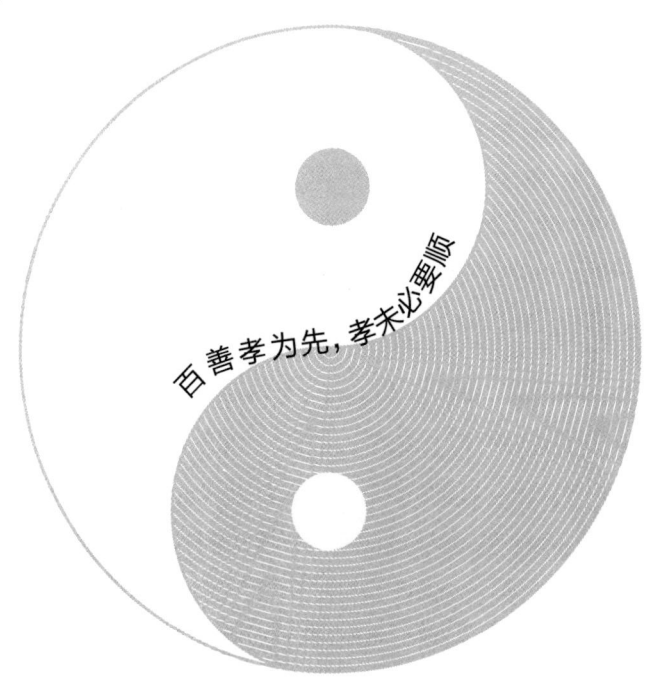

孝在儒家是核心思想之一，但它也要服从中庸这个至高原则，行孝要讲究时机、分寸和尺度。

孔子的学生曾参是出了名的孝子，他有一次和父亲曾点一起在瓜地里除草，一不留神把瓜苗的根斩断了，父亲看到孩子不知爱惜物力，做事不谨慎，一生气举起手上的大木棍就向曾参的背上打去。曾参想让父亲消消气，就跪在地上让父亲打，被打昏过去。他醒过来之后，爬起来整理好衣冠，向父亲致歉，回到自己的房间后，开始弹琴唱歌，希望父亲听到之后，能够进一步确认自己健康无恙，可以安心。

听说这件事的鲁国人都认为曾参是个孝子，但孔子听说后很不高兴，对弟子们说："曾参来了，别让他进门。"曾参知道孔子生气，心里很不安，但实在不知道自己做错了什么，就请同学帮忙向孔子请教。

孔子说："古代的圣君舜在侍奉他的父亲时非常尽心，每当父亲需要他时，舜总在身边；但当父亲听信他后母的谗言，要杀舜的时候，却没有一次能找到他。如果父亲用小竹鞭打舜，他能承受就让父亲打几下；如果父亲用大棍棒打舜，他就逃跑。这样舜的父亲就没有犯下为父不慈的罪过，舜保全了父亲的名声，这才是尽到了孝子的本分。但是曾参侍奉父亲，不知道爱惜自己的身体，就算死也不回避父亲在愤怒中的鞭打，如果真的被打死了，那就让父亲犯罪了，这是陷父亲于不义，这样辱没父亲难道不是不孝吗？"

孔子这番话告诉我们，孝是原则，但不是教条，要根据实际情况来灵活地孝敬父母。尽孝不是有心就够了，还要多动脑筋。我们实践任何原则，达到了中庸境，才算是悟透了。

-98-

婚姻中的阴阳思维

很多人受小说、电视剧影响，对婚姻有着美好的梦想，找到理想的另一半，"从此王子和公主幸福地生活在一起"。但现实中要么是迟迟找不到理想的另一半，要么是婚后发现N多问题，理想丰满现实骨感。

对待婚姻，要有阴阳思维：首先，结婚对象不可能完美，人有优点就必有缺点；其次，婚姻不可能完美，有得必有失，例如婚后的幸福陪伴，意味着要牺牲一定的个人自由。

2018年，马云给阿里巴巴集体婚礼证婚时说："现在很多人说算法，婚姻的算法是什么？婚姻是算不清楚的，婚姻的算法最后就是'算了吧'，这是最好的办法。"最后举杯时，马云又说了一句意味深长的话："一切都是假的，孩子是自己的。"

因为婚姻是不完美的，所以马云给出的建议是难得糊涂，婚姻算不清，也没必要去算清。双方齐心协力一起把孩子养大成人，把自己的基因传递下去，牢牢抓住这个共识，求同存异打造"命运共同体"吧。

-99-
教育中的太极思维

与人工智能既竞争又合作

马云："技术是否势不可挡？我们应该知道，机器没有心，没有灵魂，没有信仰。人有灵魂，有信仰，有价值观。我们富于创造力，我们确信自己可以控制机器。我们应该改变自己，拥抱未来。"

"我们今天的教育方式和教育内容会导致我们的年轻人在未来30年失去工作。因为他们学到的东西、记忆的知识和掌握的运算方法，所有这些东西，机器可以做得更好。我们必须向年轻人传授那些机器无法做得跟人类一样好的东西，这就是让我感到忧虑的事情。"

"我们必须对教育系统进行调整，因为有人工智能，有机器学习，有计算机。我们必须改革我们的教育系统、知识体系和专门技能。我们必须教导年轻人变得非常具有创新精神，非常具有创造力。通过这种方式，我们将能为年轻人创造就业机会。"

自古以来，只有人类智能这一种高级智能，但如今又出现了人工智能，它能够自己直接决策，从而取代很多脑力工作者，哲学家赵汀阳称这是"存在论级别的革命"。科技革命带来工作革命，工作革命需要教育革命的配合。

《人工智能时代的教育革命》一书，提出的教育理念是，让孩子们掌握与人工智能合作与竞争的能力，所谓合作，就是从小学编程，培养AIQ（人工智能商数），长大了能利用人工智能再造各行各业；所谓竞争，就是培养人工智能不具备的能力：创造力与复杂沟通能力。

-100-
教育中的阴阳思维

马云："教育教育，有教有育。改革开放30年，中国有了强大的教，但是中国的育差了一点。育是文化，是体育，是想象力。孩子读书很多，但是玩的时间太少，如果孩子玩得太少，就一定不可能诞生真正的创造力。创造力是从体育、音乐、美术，这些看起来不重要，但是对人的性格、想象力的塑造非常重要的。"

"过去三百年人类在教的方面已经做得很好了，基本上全部是科技知识方面的发展。三百年之前呢，是哲学、文化、信仰这些东西影响了人类几千年。大数据云计算到来的时候，我觉得是教育会发生大变化的时代，是真正开启育的。"

"育是培育智慧，智慧和聪明不一样，聪明是知道怎么去获取，而智慧是知道什么是我不要的。所以未来几十年，人们会逐渐学会什么是我不要的，只有这样，人们才能走得更远，走得更久。"

人类面对人工智能的优势是创造力和复杂沟通能力，怎样培养这些能力素质？从马云的观点来看，孔子和苏格拉底时代的教育内容和教育方法将迎来复兴。现代教育流派中，培育了很多硅谷精英的蒙台梭利教育体系比较适用于人工智能时代。教育者如果具备这样的阴阳思维，孩子们将在未来的智能社会更有竞争优势。